François Magendie, bouillant créateur de la physiologie expérimentale au XIXe siècle

Collection Histoire des sciences/Adapt
dirigée par Philippe Fauvernier

Adapt-Snes Éditions
46 avenue d'Ivry, 75647 Paris Cedex 13
www.adapt.snes.edu

www.editions-hermann.fr

Illustration de couverture : *Portrait de François Magendie*,
Académie des sciences-Institut de France.

ISBN Hermann : 978 2 7056 8412 9
ISBN Adapt : 978 2 35656 037 7

Paul Mazliak

François Magendie, bouillant créateur de la physiologie expérimentale au XIXe siècle

ADAPT snes
ADAPT • Éditions
hermann
Depuis 1876

Dans la même collection

Charles-Adolphe Wurtz. Un savant dans la tourmente : entre bouleversements politiques et revendications féministes, Natalie Pigeard-Micault, préface de Bernadette Bensaude-Vincent.

Des travailleurs à protéger. L'action collective au sein de la sous-traitance, Michèle Descolonges, préface de Robert Salais.

Prologue

Au début d'août 1831, Balzac publia un nouveau récit intitulé : *La peau de chagrin, roman philosophique*[1]. Ce roman porte en dédicace : « À monsieur Savary[2], membre de l'Académie des sciences », ce qui peut indiquer que la « philosophie » de *La peau de chagrin* comporte, en partie tout au moins, une réflexion sur les sciences. Il est en effet question dans ce livre de géologie (les derniers travaux de Cuvier y sont cités), de zoologie (Balzac cite Buffon), de chimie, de mécanique et de médecine.

Le héros du roman, Raphaël de Valentin, est malade.

> Lorsque tu dors, lui dit sa femme Pauline, ta respiration n'est pas franche. Il y a dans ta poitrine quelque chose qui résonne, et qui m'a fait peur. Tu as pendant ton sommeil une petite toux sèche absolument semblable à celle de mon père qui meurt d'une phtisie. [...] Puis tu avais la fièvre[3].

Raphaël de Valentin a donc convoqué pour se soigner, grâce à sa fortune et à son nom, quatre « oracles de la médecine moderne [...] pour arracher à la science moderne son dernier mot ». Ces quatre docteurs sont parfaitement identifiables, malgré les noms à peine déguisés que leur attribue Balzac. Ils sont tous ses contemporains[4] : parlons d'abord du « médecin traitant » habituel du héros, Horace Blanchon, « homme plein d'avenir et de science, le plus distingué peut-être des nouveaux médecins, sage et modeste député de la studieuse

1. H. Balzac, *La peau de chagrin, roman philosophique*, Paris, Urbain Canel et Charles Gosselin, 1831.
2. Félix Savary (1797-1841), astronome, professeur à l'École polytechnique.
3. H. Balzac, *La peau de chagrin*, Lausanne, Éditions Rencontre, 1960, p. 256.
4. Honoré de Balzac a vécu de 1799 à 1850.

jeunesse qui s'apprête à recueillir l'héritage des trésors amassés depuis cinquante ans par l'École de Paris[5] ». Ce jeune médecin, qui traite son malade avec ménagement – il lui ment même en affirmant que sa guérison est prochaine –, a été reconnu[6] comme étant le docteur Jean-Baptiste Bouillaud (1796-1891). Il développe devant son patient un « tableau chimique » de sa maladie :

> La chimie a démontré que la respiration constitue chez l'homme une véritable combustion dont le plus ou moins d'intensité dépend de l'affluence ou de la rareté des principes phlogistiques amassés par l'organisme particulier de chaque individu. Chez vous le phlogistique abonde ; vous êtes, s'il m'est permis de m'exprimer ainsi, suroxygéné par la complexion ardente des hommes destinés aux grandes passions. En respirant l'air vif et pur qui accélère la vie chez les hommes à fibre molle, vous aidez encore à une combustion déjà trop rapide. Une des conditions de votre existence est donc l'atmosphère épaisse des étables et des vallées[7].

Et le docteur Blanchon conseille à Raphaël de partir pour l'Allemagne ou l'Angleterre parce que « nos eaux situées à mille pieds au-dessus du niveau de la Méditerranée vous sont funestes ». Pour comprendre ce raisonnement purement chimique, déjà quelque peu en retard sur la chimie de Lavoisier (qui avait éliminé le phlogistique mais découvert l'oxygène), il faut tenir compte du fait que Balzac écrit ces lignes en 1829 ; Pasteur (1822-1895) n'avait alors que sept ans et Koch (1843-1910), qui découvrit le bacille de la tuberculose, n'était pas encore né.

Le deuxième docteur convoqué au chevet du malade est « l'illustre Brisset, chef des organistes, le successeur de Cabanis et de Bichat, le médecin des esprits positifs et matérialistes[8] ». À l'évidence, Brisset est

---

5. H. Balzac, *op. cit.*, p. 257.

6. F.-N. Poynter, « Doctors in the human comedy », *Journal of the American Medical Association*, 204, 1968, p. 7-10.

7. H. Balzac, *op. cit.*, p. 270.

8. *Ibid.*, p. 258.

François Joseph Victor Broussais (1772-1838) qui expliquait tous les phénomènes pathologiques par l'irritation ou l'inflammation des tissus échauffés par le phlogistique. Le seul remède jamais prescrit par Broussais était la saignée ; c'est bien ce discours qu'il tient et ce remède qu'il prescrit à Raphël.

> [Le malade] est fatigué par des excès de pensée, par des écarts de régime, par l'emploi répété de stimulants trop énergiques. L'action violente du corps et du cerveau a donc vicié le jeu de tout l'organisme. Il est facile, messieurs, de reconnaître dans les symptômes de la face et du corps, une irritation prodigieuse à l'estomac, la névrose du grand sympathique, la vive sensibilité de l'épigastre et le resserrement des hypocondres. Vous avez remarqué la grosseur et la saillie du foie. Enfin monsieur Blanchon a constamment observé les digestions de son malade et nous a dit qu'elles étaient difficiles, laborieuses. [...] L'altération progressive de l'épigastre, centre de la vie, a vicié tout le système. De là partent des irradiations constantes et flagrantes, le désordre a gagné le cerveau et le plexus nerveux, d'où l'irritation excessive de cet organe. [...] Mettez simplement des sangsues à l'épigastre, calmez l'irritation de cet organe où l'homme tout entier réside, tenez le malade au régime. [...] Peut-être y a-t-il complication de la maladie, peut-être les voies respiratoires sont-elles également irritées ; mais je crois le traitement de l'appareil intestinal beaucoup plus important, plus nécessaire, plus urgent que ne l'est celui des poumons[9].

Le troisième docteur est Caméristus « chef des vitalistes, le poète défenseur des doctrines abstraites de Van Helmont [qui] voyait dans la vie humaine un principe élevé, secret, un phénomène inexplicable qui se joue des bistouris, trompe la chirurgie, échappe aux médicaments de la pharmaceutique, aux *x* de l'algèbre, aux démonstrations de l'anatomie, et se rit de nos efforts ; une espèce de flamme intangible, invisible, soumise à quelque loi divine...[10] ».

---

9. *Ibid.*, p. 261.
10. *Ibid.*, p. 258.

Devant Raphaël malade, Caméristus développe ce que Brisset appelle une médecine « absolutiste, monarchique, religieuse ».

> Oui, les altérations si bien observées [par Brisset] existent chez le malade. [...] Il a fallu un coup [...] ; ce coup, qui l'a porté ? Le savons-nous ? [...] Connaissons-nous tous les accidents de sa vie ? Messieurs, le principe vital, l'*archée* de Van Helmont est atteint en lui, la vitalité même est attaquée dans son essence, l'étincelle divine, l'intelligence transitoire qui sert comme de lien à la machine et qui produit la volonté, la science de la vie, a cessé de régulariser les phénomènes journaliers du mécanisme et les fonctions de chaque organe. [...] Ici donc, je voudrais un traitement tout moral, un examen approfondi de l'être intime. Allons chercher la cause du mal dans les entrailles de l'âme et non dans les entrailles du corps [11].

Le docteur Caméristus est en réalité Joseph Claude Anthelme Récamier (1774-1852), chef de service à l'Hôtel-Dieu, royaliste convaincu, plusieurs fois concurrent heureux de Magendie, injustement élu à sa place, nous le verrons, dans une chaire du Collège de France. Nous reparlerons plusieurs fois de Récamier dans la suite de cet ouvrage.

Enfin le quatrième médecin, appelé par Balzac, Maugredie, n'est autre que François Magendie (1783-1855) dont nous présentons l'œuvre scientifique dans cet ouvrage. Magendie fut le contemporain exact de Balzac. Le portrait de Maugredie (alias Magendie) que dresse en quelques lignes l'auteur de *La peau de Chagrin* peut parfaitement servir d'introduction à notre ouvrage :

> Un sourire sardonique errait sur les lèvres [...] du docteur Maugredie, esprit distingué, mais pyrrhonien et moqueur, qui ne croyait qu'au scalpel. [...] Il trouvait du bon dans toutes les théories, n'en adoptait aucune, prétendait que le meilleur système médical était de n'en point avoir et de s'en tenir

11. *Ibid.*, p. 262.

> aux faits. Panurge de l'École, roi de l'observation, ce grand explorateur, ce grand railleur, [était] l'homme des tentatives désespérées[12]...
> Quant à savoir, ajoute plus loin Maugredie, si l'épigastre [du malade] a réagi sur le cerveau ou le cerveau sur son épigastre, nous pourrons peut-être vérifier le fait quand il sera mort. Résumons-nous donc. Il est malade, le fait est incontestable. Il lui faut un traitement quelconque. Laissons les doctrines. Mettons-lui des sangsues pour calmer l'irritation intestinale et la névrose sur l'existence desquelles nous sommes d'accord, puis envoyons-le aux eaux : nous agirons à la fois d'après les deux systèmes. S'il est pulmonaire, nous ne pouvons guère le sauver[13]...

Le portrait de Magendie dressé par Balzac est à vrai dire quelque peu outré sur le plan moral : Magendie n'était pas un cynique sans attention pour ses patients. Lors de la grande épidémie européenne de choléra, en 1832, il risqua courageusement sa vie au contact des malades et tenta de soulager leurs souffrances. Mais c'était un homme lucide, ne reconnaissant comme vraies que les indications données par les faits ou l'expérience. Raphaël de Valentin meurt en effet à la fin du roman, victime de la tuberculose qu'on ne saura soigner qu'au milieu du XXe siècle.

12. *Ibid.*, p. 258.
13. *Ibid.*, p. 263.

I

Le contexte philosophique des sciences du vivant au début du XIXᵉ siècle

L'influence la plus profonde exercée par François Magendie sur l'évolution de la médecine ne tient certainement pas aux découvertes qu'il a pu faire en anatomie, en physiologie ou même en pathologie. La marque véritable de Magendie sur le développement ultérieur des sciences biologiques consiste en une véritable révolution dans la conception des phénomènes du vivant que les médecins, les chercheurs ou les philosophes ont adoptée très progressivement, après qu'il ait donné et publié ses fameuses *Leçons au Collège de France.*

Avant Magendie, avaient triomphé en biologie : « l'animisme » d'Aristote ou de Galien, puis le « mécanisme » dualiste de Descartes qui distinguait radicalement les phénomènes corporels des propriétés de « l'entendement », de l'esprit, de l'âme. Au dualisme cartésien s'était assez vite opposé le « vitalisme » de Van Helmont qui reprit, au XVIIᵉ siècle, les âmes végétative, sensitive et rationnelle d'Aristote sous la forme d'une mystérieuse « archée » habitant tout être vivant. Cette « archée » quelque peu mystique fut remplacée au XVIIIᵉ siècle par « les propriétés vitales objectives » de la matière vivante : tous les grands médecins de l'École de Montpellier (Barthez, Bordeu, Bichat, Venel, Fouquet, etc.) précisèrent la nature de ces propriétés vitales (essentiellement la *sensibilité et le mouvement*) dans leurs écrits scientifiques ou dans l'*Encyclopédie* de Diderot et d'Alembert. Diderot lui-même, pourtant souvent considéré comme « matérialiste non mécaniste », était en vérité « vitaliste » puisque pour lui, comme pour ses confrères médecins, les propriétés « vitales » de la sensibilité (ou irritabilité) et du mouvement spontané appartenaient en propre aux êtres vivants. Il imagine toutefois, dans le *Rêve de d'Alembert* que ces propriétés puissent aussi résider, sous une forme infiniment ténue, dans une pierre.

François Magendie commença, avec ses *Leçons au Collège de France*, la « révolution physiologique » que continuera son élève Claude Bernard (1813-1878). Magendie, nous le verrons, restait cependant quelque peu vitaliste en avouant son impuissance de chercheur à fournir l'explication complète de la sensibilité et du mouvement des êtres organisés. Mais il laisse de côté dans ses travaux ces propriétés « vitales » qui lui échappent en partie. Ce qu'il analyse lui-même, à l'aide de nombreuses vivisections d'animaux, ce qu'il propose à ses collègues médecins et biologistes d'étudier à fond, ce sont les *Phénomènes physiques de la vie* [1], titre de l'un de ses ouvrages, publié en 1842, reprenant ses leçons au Collège de France. Contre l'avis de beaucoup de ses confrères qui tentèrent constamment de le ridiculiser ou même de le discréditer, Magendie ne cessa de batailler pour défendre ses conceptions « positivistes », par son enseignement, ses écrits ou son travail expérimental. Il fut un polémiste ardent dans le débat d'idées, ce qui fait de lui, en vérité, avant Claude Bernard, le bouillant créateur de la médecine expérimentale. Son élève, Claude Bernard, après lui avoir rendu un vibrant hommage dans sa leçon inaugurale au Collège de France [2], reprit toutes les idées de Magendie en rédigeant sa fameuse *Introduction à l'étude de la médecine expérimentale* [3]. Ce texte de Claude Bernard fut tellement apprécié des philosophes, pour son ton mesuré et une certaine largeur de vues, qu'il fit passer son auteur à la postérité, rejetant du coup quelque peu dans l'ombre François Magendie,

1. F. Magendie, *Phénomènes physiques de la vie*, Paris, Baillère, 1842, 2 volumes.

2. C. Bernard, *Fr. Magendie. Leçon d'ouverture du cours de médecine du Collège de France*, Paris, Baillère, 1856.

3. C. Bernard, *Introduction à l'étude de la médecine expérimentale*, Paris, Flammarion, 1984.

précurseur moins modéré dans l'expression et moins bon écrivain que Claude Bernard.

I. LA PHYSIOLOGIE MÉCANISTE DE DESCARTES (1596-1650)

Descartes publia son *Traité de l'Homme* en 1632[4]. Dans cet ouvrage, il adopte la théorie de la circulation du sang du physiologiste anglais William Harvey (1578-1657) mais il ne considère pas le cœur comme une pompe responsable de la circulation du sang par ses battements. Comme nombre d'auteurs précédents, notamment Aristote, Descartes continue de penser que le cœur est le siège d'une chaleur supérieure à toute autre partie de l'organisme. C'est dans ce foyer de chaleur, provoquant la « fermentation » du sang, qu'il voit la source ultime d'énergie pour toutes les autres fonctions du corps, en particulier les contractions musculaires et la transmission des messages nerveux, accomplis mécaniquement. Descartes résume ainsi sa propre conception de la physiologie humaine :

> C'est une chose bien remarquable qu'aucun mouvement ne se peut faire, soit dans les corps des bêtes, soit même dans les nôtres, si ces corps n'ont en eux les organes et les instruments par le moyen desquels ces mêmes mouvements pourraient aussi être accomplis dans une machine ; en sorte que même dans nous, ce n'est pas l'esprit ou l'âme qui meut immédiatement les membres extérieurs, mais seulement il peut déterminer le cours de cette liqueur fort subtile qu'on nomme les esprits animaux, laquelle coulant continuellement du cœur par le cerveau dans les muscles, est la cause de tous les mouvements de nos membres, et souvent en peut causer plusieurs différents aussi facilement les uns que les autres. Et même il ne les détermine pas toujours, car entre les mouvements qui se font en nous, il y en a plusieurs qui ne dépendent point du tout de l'esprit, comme sont le battement du cœur, la digestion des viandes, la nutrition, la respiration de ceux qui dorment,

4. Voir P. Mazliak, *Descartes. De la science universelle à la biologie*, Paris, Vuibert/Adapt, 2003.

> et même de ceux qui sont éveillés, le marcher, chanter, et autres actions semblables, quand elles se font sans que l'esprit y pense [5].

Tout dans ce schéma part donc du sang : ce fluide circule à travers le corps comme l'a montré Harvey. Cependant, pour Descartes, le cœur n'est pas un muscle qui se contracte et se dilate activement de manière autonome, mais un viscère qui se dilate et se contracte passivement grâce à l'élasticité de sa paroi. Le cœur est aussi principalement un « foyer », le siège d'un feu continu, « feu sans lumière », qui dilate et vaporise le sang dans les cavités du cœur. À partir de la cavité droite, le sang est projeté, par compression, dans l'artère pulmonaire (« la veine artérieuse », comme l'appelle Descartes). Arrivé dans les poumons, le sang se refroidit et se purifie au contact de l'air inspiré par la respiration ; il revient ensuite par la veine pulmonaire (« l'artère veineuse ») vers la cavité gauche du cœur où à nouveau il s'échauffe, se dilate et se trouve chassé par compression dans l'aorte (« la grande artère »). Les « esprits animaux » sont la partie la plus volatile du sang échauffé dans le cœur ; ils ont la même composition que le sang mais leur nature physique est celle du vent ou de la flamme. C'est dans les petites branches des carotides que s'effectue la séparation (par filtration) des « esprits animaux » du reste du sang ; les carotides sont les artères qui montent directement de l'aorte au cerveau, de chaque côté du cou, et par ces conduits les « esprits animaux » atteignent le cerveau et le remplissent comme un ballon (« le gonflant comme une voile », dit Descartes).

À partir du cerveau, les « esprits animaux » s'écoulent sans cesse dans les nerfs, vers les muscles ; tout nerf est un faisceau de tuyaux minuscules enserrés dans une gaine ; les « esprits animaux » s'écoulent en sens unique dans les tuyaux, allant constamment du cerveau vers les muscles. La contraction musculaire résulte d'un gonflement distendant les enveloppes des organes moteurs qui se gonflent passivement. La décontraction (le « dégonflement »

5. Descartes, *Méditations métaphysiques*, Paris, Garnier-Flammarion, 1992, p. 354.

des muscles contractés) correspond à une évaporation des « esprits animaux » qui s'échappent par de minuscules pores de la peau et n'effectuent donc aucun circuit fermé.

Les nerfs sont aussi reliés aux organes des sens (yeux, papilles gustatives, « papilles » du toucher, etc.). La sensation, consécutive à une sorte de déformation mécanique des organes récepteurs (selon Descartes) monte au cerveau par les nerfs. C'est alors la « déformation mécanique » des organes récepteurs qui se propage dans les parois rigides des « tuyaux nerveux » et gagne le cerveau. Georges Canguilhem a bien fait remarquer dans son ouvrage sur *la formation du concept de réflexe*[6] que, pour Descartes, dans le circuit nerveux correspondant à un mouvement automatique déclenché par une sensation (rétractation du pied s'approchant d'une flamme, par exemple), la sensation centripète (de brûlure) correspond à la déformation mécanique d'une structure rigide comme un câble creux tandis que le message centrifuge, déclenchant les mouvements musculaires (la rétraction du pied) correspond à un afflux « d'esprits animaux » (figure 1).

6. G. Canguilhem, *La formation du concept de réflexe aux XVIIe et XVIIIe siècles*, Paris, PUF, 1965.

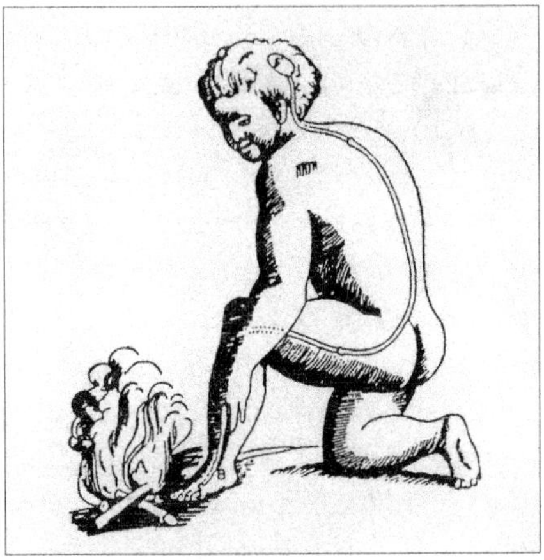

Figure 1. Mouvements réflexes du pied qui s'écarte du feu et de la tête qui le regarde.
« Si le feu A se trouve proche du pied B, les petites parties de ce feu, qui se meuvent comme vous le savez très promptement, ont la force de mouvoir avec soi l'endroit de la peau de ce pied qu'elles touchent ; et par ce moyen tirant le petit filet c que vous voyez y être attaché, elles ouvrent au même instant l'entrée du pore d, e, conte lequel ce petit filet se termine : ainsi que, tirant l'un des bouts d'une corde, on fait sonner en même temps la cloche qui pend à l'autre bout. Or l'entrée du pore ou petit conduit d, e, étant ainsi ouverte, les esprits animaux de la concavité F entrent dedans, et sont portés par lui, partie dans les muscles qui servent à retirer le pied de ce feu, partie dans ceux qui servent à tourner les yeux et la tête pour le regarder, et partie en ceux qui servent à avancer les mains et à plier tout le corps pour le défendre. » (légende de Descartes)

Dans la physiologie de Descartes, les « esprits animaux » sont dirigés, à partir du cerveau, vers tel ou tel nerf, irriguant tel ou tel muscle, par la glande pinéale située à la base du cerveau (cette glande est bien mal définie anatomiquement). En se déformant, la glande pinéale crible et oriente, par ses positions diverses, les flux « d'esprits animaux » comme une pomme d'arrosoir qu'on dirigerait en diverses directions. Les différentes orientations de la glande pinéale peuvent être provoquées :

– par l'âme (l'intelligence) qui détermine ainsi des mouvements volontaires ;

– par les sensations qui provoquent, en empruntant les circuits nerveux, des mouvements automatiques (réflexes) indépendants de la volonté ;
– par la mémoire ou par l'instinct, qui sont des réminiscences des mouvements volontaires ou involontaires, devenus automatiques, comme des sortes de réflexes acquis ou « conditionnés ».

Descartes a donc construit dans son *Traité de l'Homme* une physiologie mécaniste dans laquelle le fonctionnement du corps, s'il n'échappe nullement aux ordres de l'âme et de la volonté, peut largement être expliqué par les lois de la mécanique et de l'hydraulique qui régissent le mouvement des machines. Il faut remarquer que dans cette physiologie, l'organe essentiel, celui qui met en branle toute la machine, c'est le cœur, foyer énergétique primordial, qui provoque la vie, comme chez Aristote. Le cerveau, les nerfs, n'ont, tout compte fait, qu'un rôle secondaire, de transmission passive ou de guidage des « esprits animaux ».

II. LA RÉACTION ANTI-MÉCANISTE AU XVIIIe SIÈCLE : LE VITALISME

Le chimiste allemand Georg Ernst Stahl (1659-1734) acquit la célébrité en inventant la théorie du « phlogistique » pour expliquer les réactions chimiques. Stahl, reprenant les conceptions grecques anciennes (d'Empédocle ou d'Aristote) considérait trois éléments primordiaux : l'air, l'eau et la terre qui en se combinant donnaient tous les corps minéraux. Cependant, pour Stahl, la terre n'était plus un élément simple comme chez les Grecs anciens. Trois composants différents pouvaient y être décelés selon lui :
– le « principe de substantialité » rendant les corps solides ;
– le « phlogistique » conférant aux corps leur odeur, leur couleur et leur caractère combustible ;
– le troisième composant donnait aux corps leur « poids ».

Stahl appuyait sa théorie sur un certain nombre d'expériences : tout métal, chauffé intensément, perdait son « phlogistique » et devenait une « chaux » ; un chauffage intense de cette chaux réintroduisait le « phlogistique » et le métal réapparaissait. L'air inerte avait la capacité d'accueillir le phlogistique : la flamme (c'est-à-dire le feu des Grecs, leur quatrième élément) représentait la sortie du phlogistique hors de la matière en combustion. Quand l'air était saturé en phlogistique, la combustion cessait. Les plantes avaient la capacité d'absorber « l'air phlogistiqué » et purifiaient l'air en renvoyant dans l'atmosphère de « l'air déphlogistiqué ». Les animaux herbivores (ou les carnivores se nourrissant d'herbivores) étaient également riches, selon Stahl, en « phlogistique ».

Stahl, qui était aussi médecin, a imaginé une « physiologie animiste » à partir de sa théorie chimique. Il a ressenti la nécessité d'envisager une force particulière, propre aux êtres vivants, pour s'opposer à leur combustion spontanée au contact de l'air puisqu'ils sont riches en « phlogistique » : cette force vitale, selon lui, c'était « l'âme immatérielle » (*anima*) qui maintenait l'intégrité des organismes en impulsant à l'intérieur de ceux-ci le mouvement ou « brassage » continuel de tous leurs constituants. Ainsi, dans les animaux, le sang circule, les secrétions des glandes sont expulsées, le fluide nerveux parcourt les nerfs, etc. « L'âme immatérielle » des êtres vivants est « sensible et intelligente » : les mouvements qu'elle provoque ont une « fin », une fonction à réaliser. En fin de compte, la « biologie » de Stahl, comme celle d'Aristote, est animiste et finaliste, c'est-à-dire qu'elle repose précisément sur les concepts (âme, finalité) que Descartes avait combattus. D'ailleurs Stahl récusait « les philosophes de notre époque [qui] représentent le corps humain comme un automate[7] ». « Nous dirons donc que, dans le langage ordinaire, on doit proprement entendre par ce mot vie : la conservation même d'un corps éminemment corruptible, la faculté ou force avec laquelle ce corps est mis à l'abri de *l'acte corrupteur* [combustion ou putréfaction].[8] »

7. G. Stahl, *Différence entre mécanisme et organisme* (en latin), Halle, 1706.
8. G. Stahl, *Vraie théorie médicale* (en latin), Halle, 1708.

III. LES ÉCOLES VITALISTES

La première réaction importante contre le mécanisme cartésien fut donc l'animisme de Stahl. Beaucoup de physiologistes du XVIIIe siècle ne purent cependant accepter le point de vue excessif de Stahl, pour qui tout mouvement, volontaire ou involontaire, musculaire, sécrétoire ou digestif, respiratoire ou cardiaque, était commandé par l'*anima* propre aux êtres vivants. Stahl eut néanmoins une très grande influence, en ce sens qu'il força les physiologistes à différencier, dans le fonctionnement de l'organisme, une part qui relevait de lois purement mécaniques et une autre qui exigeait des lois propres à l'être vivant pour être comprise. C'est cette attitude qui constitue à proprement parler le vitalisme du siècle des Lumières : ce vitalisme exige l'implication dans le fonctionnement de la « machine animale » de lois spécifiques du vivant, de *forces vitales, d'énergies vitales, de transformations vitales* irréductibles à la simple physique. On le voit, ce vitalisme ne se confond pas avec l'animisme. Néanmoins l'œuvre de Georg Stahl est à l'origine des deux plus grandes écoles de médecins vitalistes qui se manifestèrent au XVIIIe siècle : les écoles allemande et française. L'école allemande a son centre à l'université de Halle où Stahl lui-même fut professeur de médecine. C'est aussi à Halle que Caspar Friedrich Wolff, le plus clair théoricien du vitalisme allemand, fut professeur. Toute l'école vitaliste allemande ne se limita pas uniquement aux professeurs de l'université de Halle ; Göttingen, où enseigna Albrecht von Haller (1708-1777) eut aussi quelques physiologistes vitalistes dont Johann Friedrich Blumenbach fut le plus célèbre.

L'école vitaliste française a son centre à l'université de Montpellier, où se formèrent de nombreux médecins et naturalistes célèbres au XVIIIe siècle. Théophile de Bordeu, un des plus grands vitalistes français, interlocuteur important de Diderot sur le plan philosophique, fit ses études à Montpellier vers 1737, au moment où les idées de Stahl (le « stahlianisme », dit Bordeu) envahissaient l'esprit des professeurs : la doctrine suscita « pendant six ou sept ans bien des disputes », nous avoue Bordeu. Barthez, autre vitaliste français, fut professeur à Montpellier. La plupart des médecins collaborateurs de l'*Encyclopédie* furent formés à Montpellier et certains, comme Ménuret de Chambaud, qui rédigea plus de quarante articles, se firent des propagandistes passionnés de la nouvelle école vitaliste. À l'extrême fin du siècle des Lumières, Xavier Bichat, qui fit aussi ses études à Montpellier, fut le théoricien reconnu du vitalisme français [9].

1. L'école allemande : Caspar Friedrich Wolff (1734-1794) et Johann Friedrich Blumenbach (1752-1840)

Caspar Friedrich Wolff étudia la médecine à Berlin puis à Halle. Sa thèse, soutenue en 1759, est une théorie de la reproduction (*Theoria generationis*) c'est-à-dire une étude du développement des embryons. Il s'opposa avec vigueur aux théories courantes « préformationnistes » (qui postulaient l'emboîtement à l'infini des embryons des générations successives les uns dans les autres) et développa une « théorie épigénétique » du développement embryonnaire (recommencé entièrement à partir de l'œuf à chaque génération). Étudiant le développement de l'embryon de poulet, Wolff décrivit l'apparition successive des organes, du cœur en premier lieu, puis des vaisseaux sanguins, de l'intestin, des reins et finalement des membres, des ailes et des extrémités du corps. Il expliqua la formation des viscères à partir des feuillets embryonnaires, de leurs invaginations, plissements, superpositions ou enveloppements, donnant finalement des tubes ou des organes. Wolff postulait la formation de toutes les parties de l'embryon à partir d'une matière liquide initiale, secrétée par les organes génitaux des parents, qui s'enrichissait ensuite en globules ; ceux-ci fusionnaient après entre eux pour donner les ébauches de feuillets embryonnaires. Pour expliquer cette structuration progressive de l'embryon (ou « épigenèse ») à partir du liquide initial, Wolff faisait appel à une *vis essentialis* (ou force essentielle) qui, jointe à la *solidescibilitas* (ou faculté de se solidifier), permettait de rendre compte de l'organisation des fœtus, de leur développement et de leur croissance.

---

9. Voir P. Mazliak, *La biologie au siècle des Lumières*, Paris, Vuibert/Adapt, 2006.

Le vitalisme de Wolff repose donc essentiellement sur cette proposition d'une *vis essentialis* inconnue dans le règne minéral et qui assure la transformation de certains liquides en « matières vivantes ». Cette « force vitale essentielle » diffère de l'attraction physique qui structure et organise la croissance des cristaux.

Toutes les fonctions de la « machine animale » : circulation, digestion, respiration, excrétion, sont des fonctions secondaires mobilisées pour satisfaire la *vis essentialis* qui provoque l'assimilation fondamentale des substances inorganiques pour les transformer en « matière de l'organisme ».

Johann Friedrich Blumenbach, professeur de médecine à l'université de Göttingen poursuit cette réflexion mais distingue dans la formation de l'embryon : la *vis essentialis* qui est la force distribuant les matériaux nutritifs dans les différentes parties de l'organisme et le *nisus formativus* (le principe d'organisation) qui organise la matière amorphe de départ en un ensemble organisé, au cours de l'épigenèse. Le *nisus formativus* ne peut aboutir, en conjonction avec la *vis essentialis*, qu'à la forme parfaite : par contre la *vis essentialis* peut agir seule, parfois avec excès, ce qui donne alors les malformations fœtales (les « monstres », objets de constantes réflexions tout au long du XVIIIe siècle). L'œuvre la plus importante de Blumenbach est le traité : *Sur la force de formation et le déroulement de la génération*[10] qui donne son modèle vitaliste de la reproduction. Dans une autre œuvre, traduite en français au XVIIIe siècle, Blumenbach s'exprime ainsi :

> Je me suis chaque jour de plus en plus convaincu qu'il est dans tous les corps organiques une force particulière aussi ancienne et durable qu'eux, en vertu de laquelle ils revêtent par la génération, la forme qui leur convient, la conserve par la nutrition, et si elle est altérée, la réparent autant que possible par la reproduction. Pour la distinguer des autres forces vitales, je l'ai appelée force de formation. J'ai ainsi dégagé d'une manière abstraite, non la cause des phénomènes dont je voulais donner une idée, mais *l'effet soutenu de leur durée*

10. J. F. Blumenbach, *De nisu formativo et generationis negotio nuperae observationes*, Göttingen, J.-C. Dietrich, 1787.

> *et de leur universalité*. Nous employons à peu près de la même manière les termes d'attraction et de gravitation, pour exprimer des forces dont les causes sont encore ensevelies dans les plus profondes ténèbres [11].

Une fois de plus, on constate que les physiologistes du siècle des Lumières se défendent d'être métaphysiciens. Ils se veulent scientifiques et seulement scientifiques, observateurs des lois de la nature (*generationis negotio nuperae observationes*, soit « observations récentes sur le déroulement de la reproduction » écrit Blumenbach dans le titre de son principal ouvrage). S'ils évoquent les « forces vitales », c'est, disent-ils tous, comme Newton évoque la « force d'attraction », sans chercher à en comprendre la nature profonde.

2. L'école française : Théophile de Bordeu, Paul Barthez, Xavier Bichat

Le foyer principal de l'école vitaliste française fut la faculté de médecine de Montpellier. L'épanouissement maximum et la plus grande renommée de cet établissement se situent vers 1750.

*2.1. Les médecins de l'*Encyclopédie

Il est un peu paradoxal de voir Diderot, chef de file des philosophes matérialistes français du siècle des Lumières, principal animateur et directeur de publication de l'*Encyclopédie*, faire largement appel à des médecins vitalistes pour traiter les articles d'anatomie, de physiologie et d'histoire naturelle du grand *Dictionnaire raisonné des sciences, des arts et des techniques*. Mais le paradoxe n'est qu'apparent. Le matérialisme de Diderot est « un matérialisme enchanté » comme le dit joliment Élizabeth de Fontenay [12], et d'autres auteurs (Georges Canguilhem [13], par exemple) n'hésitent pas à parler de « matérialisme vitaliste ».

---

11. J. F. Blumenbach, *Institutiones physiologicae,* Göttingen, J.-C. Dietric, 1786, traduites en français par J.-F.-X. Pugnet, sous le titre : *Institutions physiologiques*, Lyon, J.-T. Raymann, 1787.

12. É. de Fontenay, *Diderot ou le matérialisme enchanté*, 1981.

13. G. Canguilhem, *Connaissance de la vie*, 1985.

Les collaborateurs de l'*Encyclopédie*, qui n'ont écrit que sur la médecine, la biologie et l'histoire naturelle, sont plus d'une trentaine : parmi eux citons Barthez, Bordeu, Bourgelat, Cadet de Gaussicourt, l'abbé Fontana, Fouquet, Haller, de Jaucourt, Ménuret de Chambaud, etc. Ils ne sont pas tous médecins. De Jaucourt, qui a signé un grand nombre d'articles (*vie, médecine*...), était naturaliste ; Bourgelat était vétérinaire, l'abbé Fontana physicien. Cependant ce sont bien majoritairement des médecins français, formés à l'École de Montpellier, qui ont écrit les articles médicaux (ou de sciences naturelles) figurant dans l'*Encyclopédie.*

Les contributions de chacun sont très inégales en nombre d'articles. Albrecht von Haller (1708-1777), de l'université de Göttingen, a signé 93 articles (*allantoïde, amnios, artère, œil, cœur, circulation, nutrition, etc.*). On peut ranger cet auteur, spécialiste de *l'irritabilité* des fibres nerveuses, parmi les vitalistes.

2.2. Les médecins vitalistes de l'École de Montpellier

L'influence des médecins de l'école vitaliste française de l'École de Montpellier fut très grande à la fin du XVIIIe siècle ; c'est Diderot qui déclare dans ses *Éléments de physiologie*, en 1778 : « Pas de livres que je lise plus volontiers que les livres de médecine, pas d'hommes dont la conversation soit plus intéressante pour moi que celle des médecins. [14] »

2.2.1. Théophile de Bordeu (1722-1776)

Fils et petit-fils de médecins béarnais, Bordeu étudia la médecine à Montpellier et obtint son diplôme en 1743. Il fut nommé médecin titulaire à l'hôpital de la Charité à Paris, en 1754.

Bordeu fit des recherches anatomiques sur les articulations des os de la face ; il fit aussi des recherches sur les maladies chroniques ou sur la formation du chyle. C'est cependant ses *Recherches anatomiques sur les positions des glandes et sur leur action* (Quillau, Paris, 1751)

---

14. D. Diderot, *Éléments de physiologie*, 1778, volume IX des *Œuvres complètes*, Paris, Éditions Garnier, 1877.

qui est son œuvre la plus importante. Bordeu reconnaît d'abord une pluralité de structures histologiques pour les « glandes excrétoires et sécrétoires » et il énumère ainsi des structures glandulaires, vasculaires, folliculaires, spongieuses et parenchymateuses.

Bordeu s'efforce ensuite de réfuter le modèle purement mécanique de l'excrétion par compression, que l'on trouve chez Hermann Boerhaave (1668-1738) par exemple ; pour ce physiologiste de Leyde, seule la compression mécanique jouait un rôle dans les sécrétions pancréatiques, lacrymales ou salivaires. Bordeu démontra que la position anatomique des glandes parotides ou des glandes salivaires ne permet pas qu'elles soient considérablement comprimées lors des mouvements musculaires de la mastication. D'ailleurs, si cette compression avait lieu, elle freinerait plutôt qu'elle ne provoquerait la sécrétion de la salive. Même analyse pour la glande thyroïde, le thymus, le pancréas, les surrénales.

Bordeu livre alors sa théorie de la sécrétion (à l'intérieur des glandes) et de l'excrétion (à l'extérieur des glandes, par des conduits, dans le sang ou le tube digestif). Ces deux opérations sont actives et impliquent des fonctions nerveuses et musculaires : sécrétion et excrétion sont toujours le résultat d'une *érection* des glandes. Cette théorie s'appuie sur un grand nombre de preuves expérimentales : résection des nerfs afférant aux glandes et interruption consécutive de leur sécrétion ; richesse de l'innervation des glandes et disproportion entre le nombre de nerfs présents et ceux qui ne seraient utiles que pour « l'entretien vital » ; cessation de la sécrétion pendant le sommeil ; augmentation de la sécrétion par irritation expérimentale des fibres nerveuses ; influence des fantasmes de l'imagination, de la fatigue, des états psychologiques.

Cette analyse très fouillée du fonctionnement des glandes a conduit Bordeu vers sa « conception organiciste » de la physiologie. Tout organe posséderait sa « force propre » lui permettant d'accomplir sa fonction. Cet accomplissement serait le résultat d'un équilibre entre toutes les forces : mécaniques, nerveuses, psychiques qui s'exercent sur cet organe et la « force propre » de l'organe lui-même. Dans les glandes, la « force propre » de chacune provoque leur érection.

La « vie propre » des nerfs est leur sensibilité consistant à transmettre des messages. Le pouls manifeste « la vitalité » des artères. Bordeu fait de la *sensibilité*, beaucoup plus que de *l'irritabilité*, la propriété la plus générale de la « fibre vivante » ; la sensibilité de la fibre d'une puce peut être aussi forte que celle de la fibre du lion.

Ces conceptions de Bordeu ont été appelées « organicistes » parce que l'auteur estime que « chaque partie [d'un organisme] » est, pour ainsi dire, non pas sans doute un animal, mais une espèce de machine à part qui concourt à sa façon à *la vie générale du corps*. Le fonctionnement du tout constitué par l'organisme résulte en définitive de l'harmonie existant entre les « vies propres » de chacune des parties. C'est la sensibilité nerveuse (*le sentiment*) qui assure la coordination entre les différents organes.

> Le sentiment revient sur toutes les fonctions ; il les dirige toutes. Il domine sur les maladies ; il conduit l'action des remèdes. Ainsi l'animal proprement dit se réduit à cette espèce d'organe niché dans la tête, dans le creux des vertèbres, et qui se prolonge jusqu'aux extrémités. [...] Les fonctions de la vie [...] dépendent toutes de l'action et de l'influence de la fibre animale ou sensible[15].

On doit encore constater que chaque organe a son « sentiment propre », son tact ou sa disposition particulière : ainsi « l'œil se prépare à recevoir la lumière, l'oreille se tend, s'ouvre, se dispose à recevoir les rayons sonores ». Les trompes de Fallope vont saisir l'œuf dans l'ovaire. Les bras des polypes, « ces animaux végétalisés », s'emparent de la nourriture utile, comme les racines vont chercher leurs sucs nutritifs loin des arbres qu'elles alimentent. Et Bordeu résume ainsi sa conception vitaliste de l'organisme :

> Nous comparons le corps vivant, pour bien sentir l'action de chaque partie, à un essaim d'abeilles qui se rassemblent en pelotons, et qui se suspendent

---

15. T. Bordeu, *Recherches sur l'histoire de la médecine*, Paris, 1764, Paris, Masson, 1832, p. 250 et 260.

> à un arbre en manière de grappes ; on n'a pas trouvé mauvais qu'un célèbre ancien ait dit d'un des viscères du bas-ventre qu'il était *animal animali* ; chaque partie est, pour ainsi dire, non pas sans doute un animal, mais une espèce de machine à part qui concourt à sa façon à la vie générale du corps... L'application est aisée ; les organes du corps sont liés les uns avec les autres ; ils ont chacun leur district et leur action ; les rapports de ces actions, l'harmonie qui en résulte, font la santé [16].

2.2.2. Paul Joseph Barthez (1734-1806)

Fils d'un ingénieur languedocien, Barthez fit ses études à Narbonne, chez les pères de la doctrine chrétienne, à Toulouse puis à la faculté de médecine de Montpellier, dont il devint diplômé à dix-neuf ans. Il vint ensuite à Paris et contribua à l'édition de l'*Encyclopédie* par plusieurs articles (*face*, *fascination*, *femme*, etc.).

En 1761, il fut nommé professeur de médecine à Montpellier et il occupa cette chaire pendant vingt ans. Au cours de ce long séjour montpelliérain, il développa sa doctrine vitaliste en trois livres : *Sur le principe vital de l'homme* (1773), *Nouvelle doctrine sur les fonctions de la nature humaine* (1774) et *Nouveaux éléments de la science de l'Homme* (1778).

Barthez distinguait trois séries de phénomènes fondamentaux :
- ceux relevant de la matière ;
- ceux relevant de la vie ;
- ceux relevant de l'âme.

Les lois valables pour une série de phénomènes ne pouvaient s'appliquer aux autres séries, ce qui lui permettait de critiquer aussi bien le mécanisme de Boerhaave que l'animisme de Stahl. Pour Barthez, clair théoricien du vitalisme, l'étude des êtres vivants exigeait la découverte et la formulation des lois propres aux êtres vivants. « J'appellerai principe vital de l'homme, écrivait-il, la cause

16. T. Bordeu, *Recherches anatomiques sur la position des glandes et leur action*, Paris, Quillau, 1751, 2 volumes, p. 189. L'image de l'essaim d'abeilles a été reprise par Diderot dans *Le Rêve de d'Alembert*.

qui produit tous les phénomènes de la vie dans le corps humain. Le nom de cette cause est assez indifférent et peut être pris à volonté. [17] »

La première conséquence de ce vitalisme médical fut le retour à Hippocrate. Le médecin, sceptique à l'égard des remèdes, accorde, en pathologie, d'avantage d'importance à la *natura medicatrix*, à la réaction spontanée de l'organisme et aux défenses naturelles face à la maladie. Le médecin doit donc, avant tout, prévoir le déroulement de la maladie, accompagner et stimuler les défenses naturelles plutôt que déterminer les causes de l'affection et tenter de l'enrayer par des remèdes. C'est l'art du pronostic plutôt que l'art du diagnostic. « Le vitalisme, comme le dit Canguilhem, c'est l'expression de la confiance du vivant dans la vie [...] et d'une méfiance [...] instinctive, à l'égard du pouvoir de la technique sur la vie. [18] »

L'opposition de ses confrères aux conceptions thérapeutiques de Barthez fut si vive qu'il dut démissionner de sa chaire à la faculté de médecine de Montpellier en 1781. Il revint donc à Paris, se fit nommer médecin du duc d'Orléans à la mort de Théodore Tronchin (1709-1781) et devint membre de l'Académie royale des sciences et de la Société royale de médecine. Éclate peu de temps après la Révolution qui supprima les académies royales. Barthez se retire dans le Midi de la France, à Narbonne, Carcassonne puis Toulouse, où il poursuit ses recherches et publie la *Nouvelle méchanique des mouvements de l'homme et des animaux* (Carcassonne, 1798). Barthez y étudie successivement la station debout chez l'homme et les animaux, la marche chez les quadrupèdes et l'homme, la reptation des reptiles, la nage des poissons de même que les mouvements de l'homme qui nage ; enfin le vol des oiseaux. Cet ouvrage expose aussi les conceptions vitalistes de Barthez en physiologie générale.

Barthez part de la notion de « mouvement tonique » avancée par Stahl : mouvement caché des parties internes de l'organisme, consistant dans une tension changeante, se propageant de proche en proche

---

17. P. J. Barthez, *Nouveaux éléments de la science de l'Homme*, Montpellier, Jean Mortel aîné, 1778.

18. G. Canguilhem, *La connaissance de la vie*, Paris, Vrin, p. 86.

et facilitant la circulation des humeurs, assurant l'enchaînement des actes organiques en un ensemble réglé (par les directives de l'âme, selon Stahl). Barthez adopte la notion stahlienne de « tonicité » en supprimant la subordination à l'âme. La tonicité généralisée devient l'agent de toutes les modifications fonctionnelles visibles ou invisibles. Barthez postule donc l'existence de forces spécifiques déterminant l'activité des muscles : « forces de *situation fixe* des molécules et de leur fibre [...], espèce de force vivante de ces fibres, qui diffère de leur force de dilatation et de concentration. » Cette force de *situation fixe* ou « tonicité » exprime l'activité du « principe de vie ». « Une force vitale primordiale, de quelque nom qu'on l'appelle, [...] agit immédiatement dans chacune des fibres musculaires », et l'on observe une gradation continue entre tonicité et contraction très intense des fibres. De manière identique, tous les organes du corps humain sont animés par des « forces motrices » propres à ces organes.

Pour le système nerveux, Barthez fait intervenir une nouvelle « force active » : la sensibilité.

> Il faut distinguer, écrit-il dans le *Principe vital de l'homme*, les forces sensitives d'avec les forces motrices, parce que ces deux sortes de forces produisent des effets entièrement dissemblables. [...] Je dis que la sensibilité est une force active quoiqu'elle ne puisse être une force motrice ; en ce sens qu'elle est une force inhérente à l'animal, [productrice] des phénomènes du sentiment ; que les effets en sont spontanés, et qu'elle survient à l'occasion de l'affection des organes, mais non pas [...] comme dans un état physique passif[19].

Barthez cite à l'appui de cette thèse la sensibilité diffuse chez le polype et celle persistant chez les animaux décérébrés. Étendant l'action de son « principe vital » à toutes les régulations physiologiques, Barthez devient quelque peu imprécis, même s'il donne l'impression d'avancer des définitions élaborées. Ainsi les coordinations sensori-motrices, formant les « sympathies » des premiers

---

19. P. J. Barthez, *Sur le principe vital de l'homme* (en latin), Thèse à l'université de Montpellier, 1773.

physiologistes, résultaient pour Stahl de la coordination de toutes les fonctions de l'organisme par l'âme (ou *archée*) ; pour Boerhaave ou Haller, les « sympathies » résultaient des connexions anatomiques entre différents filets nerveux et donc de la possibilité de commande simultanée de « l'irritabilité » de plusieurs muscles. Chez Barthez, qui utilise le mot « synergie », il s'agit « d'un concours harmonieux » de plusieurs « forces vitales » propres à divers organes :

> Je distingue par le mot de synergie, un concours d'actions simultanées ou successives des forces des divers organes, concours tel que ces actions constituent par leur ordre d'harmonie ou de succession, la forme d'une fonction de la santé ou d'un genre de maladie ; comme par exemple la forme générique d'une excrétion ou d'une inflammation. La sympathie particulière de deux organes a lieu, lorsqu'une affection de l'un occasionne sensiblement et fréquemment une affection correspondante de l'autre ; sans que cette succession puisse être rapportée au hasard, au mécanisme des organes, ni à leur concours d'action[20]...

Barthez évoque ainsi des « sympathies de voisinage » entre le cœur, le diaphragme et l'estomac, le tout formant un véritable « centre épigastrique » de sensibilité (ou force active) équivalent au bulbe rachidien, un « centre sympathique » du cerveau, du cervelet et de la moelle épinière.

> La grande et maîtresse vue dans la science de l'Homme, écrit-il, est de le considérer comme un Être essentiellement animé par des forces vitales dont l'action est soumise à des lois de sympathie et de synergie[21].

Finalement, pour Barthez, le « principe de vie » (qui pourrait avoir, selon l'auteur, même statut épistémologique que la « force d'attraction universelle » de Newton) est l'ensemble des « forces motrices et sensitives » présentes dans les organismes végétaux

20. *Ibid.*
21. *Ibid.*

et animaux. Les biologistes hostiles au vitalisme auront beau jeu de souligner que les « forces vitales » de Barthez ont tous les caractères des forces occultes de la philosophie médiévale.

Après l'arrivée de Bonaparte au pouvoir, Barthez retrouva sa place prééminente dans la vie médicale française ; nommé médecin de l'Empereur, il devint membre de l'Institut de France, chevalier de la Légion d'honneur, membre des académies des sciences de Stockholm et de Berlin. Il mourut à Paris, le 15 octobre 1806. Magendie avait déjà vingt-trois ans.

2.2.3. Xavier Bichat (1771-1802)

On cherche dans des considérations abstraites la définition de la vie ; on la trouvera, je crois, dans cet aperçu général : la vie est *l'ensemble des fonctions qui résistent à la mort*[22].

Marie-François-Xavier Bichat est né le 14 novembre 1771, à Thoirette, dans le Jura. Le jeune Xavier commença ses études de médecine à Lyon en 1791 et, dès 1792, il est chirurgien-stagiaire à l'Hôtel-Dieu de Lyon. Il est alors réquisitionné comme médecin militaire dans l'armée des Alpes. Après les campagnes victorieuses de Bonaparte, il est nommé chirurgien-stagiaire au Grand Hospice de l'Humanité (ex-Hôtel-Dieu de Paris) et en 1796, il ouvre son propre cours privé de chirurgie, dans des conditions assez difficiles ; il sera notamment arrêté, en 1797, pour « vol de cadavres dans un cimetière ». Il expérimente aussi sur des animaux et même sur des cadavres guillotinés.

De 1795 à 1799, il publia seize articles dans le *Journal de chirurgie*, fondé par Desault ; il étudia notamment les effets sur le cœur du courant électrique produit par la pile construite, en 1796, par le physicien italien Luigi Galvani. En 1799 (an VIII), il publie

22. X. Bichat, *Recherches physiologiques sur la vie et la mort*, 1re édition en 1800, (première partie, article premier) ; réédité, Paris, Garnier-Flammarion, 1994.

sa première œuvre importante : le *Traité des membranes*[23]. Jusqu'à Bichat, le corps humain était un ensemble d'organes, étudiés séparément, comme l'avaient fait les grands anatomistes de la Renaissance (André Vésale, Fabricio d'Acquapendente ou Realdo Colombo). Desault, en regroupant les organes par grandes régions, avait jeté les bases de l'anatomie topographique. Bichat, quant à lui, insista sur l'hétérogénéité des organes, formés de tissus différents ; il formula ses conceptions de la manière suivante : le corps humain se compose de « tissus simples qui, par leurs combinaisons, forment les organes ». En ce sens Bichat est vraiment le fondateur de l'*histologie*, discipline qui étudie les tissus de l'organisme et cette étude fut réalisée avant même que soit élaborée la théorie cellulaire par Schleiden et Schwann vers 1839. Dans son *Traité* Bichat distingue vingt-et-une sortes de tissus différents (nerveux, glandulaire, osseux, etc.). Chaque tissu a sa « vie propre », ses caractéristiques particulières : irritabilité, sensibilité (s'échelonnant de la sensibilité diffuse des tissus internes à la sensibilité aiguë et très spéciale des organes des sens), tonicité, contractilité, etc. Finalement, Bichat écrit dans son traité :

> Chaque organe a sa vie propre, laquelle est le résultat d'une modification particulière de la sensibilité, de la tonicité, de l'irritabilité ; modification qui en établit nécessairement une dans la circulation, la nutrition, la température. Aucune partie ne sent, ne se meut, ne se nourrit comme une autre, à moins que celle-ci n'appartienne à un même système. Chaque organe exécute en petit les phénomènes qui se passent en grand dans l'économie [c'est-à-dire dans la physiologie générale] ; chacun prend dans le torrent circulatoire l'aliment qui lui convient, digère cet aliment, rejette au dehors dans la masse du sang la portion qui lui est hétérogène, s'approprie celle qui peut le nourrir ; c'est la digestion en abrégé.

En 1800 (an X), Bichat publie à Paris ses *Recherches physiologiques sur la vie et la mort*, le plus clair exposé du vitalisme français,

---

23. X. Bichat, *Traité des membranes*, 1799 (an VIII), nouvelle édition, revue et augmentée de notes par François Magendie, Paris, Gabon libraire et Méquignon-Marvis, 1827.

dans la tradition de l'École de Montpellier. Il publie encore, en 1801, son *Anatomie générale descriptive (appliquée à la physiologie et à la médecine)*, en cinq volumes[24].

Bichat s'éteint le 22 juillet 1802, à 31 ans, malgré les soins de Corvisart, médecin personnel de l'Empereur, peut-être d'une méningite tuberculeuse foudroyante.

Il convient de dire quelques mots des *Recherches physiologiques sur la vie et la mort* puisque cet ouvrage contient un clair exposé du vitalisme, philosophie biologique que François Magendie combattra toute sa vie. La quatrième édition de cet ouvrage, parue à Paris, en 1822, chez Gabon et Béchet jeunes éditeurs, rue de l'École-de-Médecine, a d'ailleurs été annotée et commentée par François Magendie lui-même. La présentation de l'ouvrage est assez particulière : la première partie est divisée en dix articles, chacun subdivisé en deux à six paragraphes. Cette présentation très claire donne au texte un ton quelque peu dogmatique.

L'article premier avance, dès ses premières lignes, la célébrissime définition de la vie que nous avons placée en exergue de cette partie consacrée à Bichat : « La vie est l'ensemble des fonctions qui résistent à la mort. » Cette définition n'a pas manqué d'être critiquée par François Magendie. Voici ce qu'il écrit en note de cette définition :

> Le mot de *vie* a été employé par les physiologistes en deux sens différents. Chez les uns, il désigne un être de raison, principe unique de toutes les fonctions que présentent les corps vivants ; chez d'autres, il désigne seulement l'ensemble de ces fonctions. C'est dans ce dernier sens que Bichat l'emploie. Voilà ce qu'il a voulu dire par cet énoncé : *La vie est l'ensemble des fonctions qui résistent à la mort.* Il a tort seulement d'y faire entrer l'idée de mort ; car cette idée suppose nécessairement celle de vie. Il y a donc réellement un cercle vicieux dans cette définition ; mais laissons de côté ce qu'il y a de défectueux dans l'expression, on voit que Bichat considère la vie comme un résultat, non comme une cause.

---

24. X. Bichat, *Anatomie générale descriptive,* 5 vol., Paris, Gabon et Cie, an X-XII.

On a donné, avant et depuis Bichat, un grand nombre de définitions de la vie, qui toutes sont fausses ou incomplètes… (Magendie, note sur la définition de la vie de Bichat.)

La définition de Bichat se voudrait neutre et objective mais elle ne l'est pas ! La science du XVIIIe siècle, en effet, ne pouvait pas réduire, comme on le fait aujourd'hui, ces « forces qui résistent à la mort » aux régulations physico-chimiques et/ou aux systèmes chimio-informatiques qui s'opposent au désordre statistique dans les « structures dissipatives » d'Ilya Prigogine[25]. Le désordre statistique (créant le chaos, la corruption, la mort), voulu par le deuxième principe de la thermodynamique, est le résultat inévitable de l'évolution de « tout système fermé sur lui-même », isolé du monde environnant. Or, un être vivant est obligatoirement « ouvert au monde », et la vie consiste justement en l'échange ininterrompu de matière, d'information et d'énergie entre l'organisme vivant et l'environnement (voir François Jacob, *La Logique du vivant*[26]). Il n'y avait donc d'autre solution, au siècle des Lumières, pour rendre compte de ces « forces qui s'opposent à la mort », que de supposer l'existence d'une « âme » au sein de chaque être vivant (c'est l'animisme de Stahl) ou bien de supposer l'existence d'une ou plusieurs « forces vitales » (c'est le vitalisme de l'École de Montpellier).

Quelques années plus tard, au cours du XIXe siècle, Hegel introduira une conception dynamique et « dialectique » dans la définition de la vie : « La vie en tant que telle porte en elle le germe de la mort », écrira-t-il[27], ce que le philosophe Engels traduira par une formule lapidaire célèbre : « Vivre c'est mourir.[28] » La formule lapidaire d'Engels me paraît moins juste que celle d'Hegel qui est à son tour, me semble-t-il, moins juste que celle de Bichat. La vie en effet ne

25. I. Prigogine et I. Stengers, *La nouvelle alliance. Métamorphose de la science*, Paris, Gallimard, 1979.

26. F. Jacob, *La logique du vivant. Une histoire de l'hérédité*, Paris, Gallimard, 1970.

27. F. Hegel, *Encyclopédie des œuvres philosophiques*, I, p. 152-153, Berlin, Leopold von Hennig, 1843 ; cité par Engels, p. 302.

28. F. Engels, *Dialectique de la nature*, Paris, Éditions sociales, 1952, p. 303.

se situe pas du côté de la négativité, du désordre et de la mort, mais bien du côté de la positivité, de la rétention de l'ordre et de la complexité, rétention rendue possible par le flux ininterrompu de matière et d'énergie échangées avec le milieu extérieur, ce que Bichat désigne maladroitement par « l'ensemble des fonctions qui résistent à la mort ». Mais il faut rendre cette justice à Friedrich Engels : dans un autre passage du même ouvrage *Dialectique de la nature*, figure une définition de la vie tout à fait acceptable, aujourd'hui encore :

> La vie est le mode d'existence des corps albuminoïdes dont l'élément essentiel *consiste en* l'échange permanent de substances avec la nature extérieure qui les environne, tandis qu'avec la cessation de cet échange de substances la vie s'arrête aussi et que l'albumine entre en décomposition [29].

À la différence de Bichat (et de Magendie, nous le verrons), l'analyse philosophique d'Engels rend bien compte des « fonctions qui résistent à la mort ». Cependant Bichat introduit sa conception vitaliste des organismes par la phrase suivante :

> Tel est en effet le mode d'existence des corps vivants, que tout ce qui les entoure tend à les détruire [...] ; bientôt ils succomberaient s'ils n'avaient en eux un principe permanent de réaction. Ce principe est celui de la vie ; inconnu de sa nature, il ne peut être apprécié que par ses phénomènes... (p. 58)

Il n'y a donc rien de religieux ni de mystique dans le vitalisme de Bichat. Le « principe de vie » se classe pour lui dans la même catégorie que le principe d'attraction universelle entre les masses formulé par Newton. Le scientifique ne le connaît que par ses effets observables expérimentalement, tout au moins au XVIIIe siècle. De la même façon, le « principe de vie » de Bichat n'est révélé que par l'existence des êtres vivants qui « résistent à la mort ». Il est intéressant

29. *Ibid.*, p. 310.

de voir brièvement, dès maintenant, comment Magendie critiqua le « principe de vie » de Bichat :

> Voilà un phénomène vital. Je ne puis concevoir l'attrait que cette expression « vital » a pour certains esprits. [...] Quand nous rencontrons un phénomène réellement vital, disons plutôt, et notre langage sera plus franc et plus scientifique, disons plutôt : voilà un fait que j'essayerais en vain d'expliquer, car il n'est pas donné à notre intelligence de le comprendre[30].

Cette position positiviste agnostique sera reprise par Claude Bernard et masque finalement une certaine acceptation du vitalisme. Nous reviendrons sur ce point dans la suite de notre ouvrage.

Dans l'article sept des *Recherches physiologiques sur la vie et la mort*, Bichat nous donne un exposé théorique sur ce que sont (pour lui) les « forces vitales ». Il commence par une revue critique des systèmes vitalistes qui ont précédé le sien :

> L'âme de Stahl, l'archée de Van Helmont, le principe vital de Barthez, la force vitale de quelques-uns, etc., tour à tour considérés comme centre unique de tous les actes qui portent le caractère de la vitalité, ont été tour à tour la base commune où se sont appuyées, en dernier résultat, toutes les explications physiologiques. Chacune de ces bases s'est successivement écroulée ; et au milieu de leurs débris sont restés seuls les faits que fournit la rigoureuse expérience sur la sensibilité et la motilité. Telles sont, en effet, les étroites limites de l'entendement humain, que la connaissance des causes premières lui est presque toujours interdite. (p. 120)

Pour Bichat, les lois et forces vitales diffèrent des lois physiques, par leurs nombreuses « révolutions imprévisibles », leur caractère non mathématisable.

---

30. F. Magendie, *Phénomènes physiques de la vie*, 2 tomes, Paris, J.-B. Baillère éditeur, 1842.

> Comparez, écrit-il, la force vitale de sentir à la faculté physique d'attirer, vous verrez l'attraction être toujours en raison de la masse du corps brut où on l'observe tandis que la sensibilité change sans cesse de proportion dans la même partie organique et dans la même masse de matière.
> On analyse l'urine, la salive, la bile, etc. prises indifféremment sur tel ou tel sujet ; et de leur examen résulte la chimie animale ; soit, mais ce n'est pas là la chimie physiologique ; c'est, si je puis parler ainsi, l'anatomie cadavérique des fluides. Leur physiologie se compose de la connaissance des variations sans nombre qu'éprouvent les fluides devant l'état de leurs organes respectifs. (p. 122)

CONCLUSION

En réaction contre les simplifications abusives du mécanisme de la « machine vivante » imaginée par Descartes pour éliminer de la science les âmes végétative, sensitive et rationnelle d'Aristote, se sont dressés les vitalistes du XVIIIe siècle : Stahl et son *anima* régissant tous les phénomènes de la vie, Wolff et sa *vis essentialis* coordonnant tout développement des embryons, Blumenbach et sa *force organisatrice*, Haller avec la *sensibilité* et l'*irritabilité* de la fibre nerveuse, puis les vitalistes français de l'École de Montpellier (Bordeu, Barthez, Bichat) avec leur *vie propre* des tissus, leur *vie organique* et leur *vie animale*, leur *sensibilité* et leur *contractilité*, etc. Donnons pour finir ce chapitre l'avis de François Jacob sur la démarche philosophique et scientifique de tous ces vitalistes :

> Si la force vitale revêt une telle importance pour le début du siècle dernier [il s'agit du XIXe siècle], c'est qu'elle joue alors un rôle que la physique attribuera plus tard à deux concepts nouveaux. Les êtres vivants apparaissent aujourd'hui comme le siège d'un triple flux de matière, d'énergie et d'information. À ses débuts, la biologie est en mesure de reconnaître un flux de matière, mais à la place des deux autres, il lui faut recourir à une force particulière[31].

---

31. F. Jacob, *La Logique du vivant*, *op. cit.*, p. 109.

II

La formation de François Magendie, jeune médecin républicain

I. L'ENFANCE

Quand naquit François Magendie, le XVIIIe siècle voyait déjà bouillonner en France les ferments de la Révolution. C'est en effet le 6 octobre 1783 que le futur médecin vit le jour, à Bordeaux. Son père, Antoine Magendie (qui devait mourir à Paris en 1813) était un chirurgien estimé en Gironde ; originaire de Pontacq, petite ville des Pyrénées orientales, il était animé d'un ardent esprit républicain. La mère de François Magendie, Marie-Nicole de Perey de Lannay, parisienne, lui donna un frère cadet qu'on appela naturellement Jean-Jacques, en hommage à Rousseau.

En 1791 (François avait huit ans), la famille Magendie quitta Bordeaux pour Paris. L'année suivante, François et Jean-Jacques eurent le malheur de perdre leur mère. François en fut très profondément affecté. Son enfance esseulée, privée de l'influence modératrice de sa mère, laissa s'épanouir ses impulsions natives, son intransigeance naissante dans toute discussion, ses jugements à l'emporte-pièce, un certain dédain des opinions d'autrui. Abrupt, dédaigneux, intransigeant, tel il restera toute sa vie. Conformément aux principes d'éducation formulés par Rousseau dans l'*Émile*, l'enfant fut mis par son père à l'abri de la corruption apportée par la société en lui laissant la liberté totale de son emploi du temps : pas de scolarité, aucune contrainte, le jeune garçon fut totalement livré à lui-même.

À dix ans, François Magendie ne savait ni lire ni écrire. Il eut en revanche tout le loisir d'exercer ses grandes facultés d'observation des choses et des hommes. Il sut aussi, par la force des circonstances, prendre très tôt ses responsabilités.

Grâce à des appuis politiques, Antoine Magendie devint, en 1793, administrateur des établissements publics de la ville de Paris, et plus tard membre du conseil des hôpitaux de la ville. Flourens [1] rapporte cette anecdote très éclairante sur cette période de la vie de François Magendie : « Son père, voulant le persuader que ce serait encore un moyen d'indépendance que de fabriquer lui-même ses chaussures, le bon sens du jeune homme, à ce coup, se révolta. Il déclara qu'il préférait être dépendant et bien chaussé et qu'il demandait enfin qu'on l'instruisît. » Son père le fit donc entrer à l'école primaire ; sensiblement plus âgé que ses condisciples, il fit preuve d'un zèle exceptionnel et devint rapidement, par amour-propre, l'élève le plus remarquable de l'école.

II. LA FORMATION DU JEUNE MÉDECIN

À quatorze ans, François Magendie reçut le « Grand Prix de la Connaissance des Droits de l'Homme et de la Constitution », prix du concours ouvert aux meilleurs élèves des écoles de Paris. Peu après, le *Journal des hommes libres* du 5 germinal an VI (1798) annonçait qu'un prix de vertu avait été décerné au jeune citoyen Magendie, fils d'un membre de la Commune de Paris, pour avoir ramené à sa famille un enfant perdu qui se lamentait et n'osait reparaître devant son père. François Magendie conserva toute sa vie le meilleur souvenir de ces triomphes acquis « sous le régime de l'Égalité » parce que, disait-il, peu de gens pouvaient se vanter d'une vertu si précoce.

À cause des bouleversements politiques très fréquents, de la révolution des mœurs, de l'irruption de la liberté et de l'égalité proclamée dans de nombreux domaines, François Magendie, qui vécut à Paris

---

1. P. Flourens, *Éloge historique de François Magendie*, lu à l'Académie des sciences, le 8 février 1858.

ces années révolutionnaires (1791-1795), fut gagné par un énorme scepticisme philosophique. Quelles étaient les vérités premières, celles d'aujourd'hui ou celles de demain ? Sur quels critères pouvait-on désormais juger des mœurs et des événements ? Il n'avait autour de lui, bien souvent, qu'affirmations mensongères ou démagogiques. Toutes les lois étaient discutées, les droits acquis sous l'Ancien Régime révoqués, la société se trouvait remaniée de fond en comble, les idoles d'hier étaient jetées à bas. Les discours n'impressionnaient plus guère le jeune Magendie.

Pour croire cependant à quelque chose, il veut désormais des preuves démontrant le bien-fondé de toute proposition. Telles sont les racines de la forme de pensée, positive, agnostique et sceptique qui sera la sienne sa vie durant. Son existence entière sera désormais consacrée à la recherche des preuves appuyant toute nouvelle idée, toute nouvelle conception avancée devant lui. Quand il commence à s'intéresser à la biologie et à la médecine, il trouvera bien légère et dénuée de preuves convaincantes, l'affirmation de l'intervention de « forces vitales » dans l'organisme. Pour trouver des preuves démontrant les lois de la physiologie, il en reprendra bientôt tous les chapitres et fera passer toutes les lois des manuels au crible de l'expérimentation. Il ne croira rien désormais qui n'ait été prouvé expérimentalement : « Il n'appartient qu'à l'expérience de dire : ceci est, ceci n'est pas.[2] »

Cette attitude lui vaudra l'hostilité et même la vindicte de beaucoup de notabilités scientifiques de l'époque.

C'est donc dans cet esprit vraiment révolutionnaire que Magendie aborde les études que lui recommandait la tradition familiale : il sera médecin comme son père. À l'âge de seize ans, en 1799, il entre à l'Hôtel-Dieu comme élève d'un ami de son père, Alexis Boyer (1757-1833), premier chirurgien de Bonaparte au cours de la campagne d'Allemagne, professeur de médecine opératoire à l'École de santé de Paris et second-chirurgien à l'Hôtel-Dieu. Peu de temps après,

2. F. Magendie, *Phénomènes physiques de la vie*, tome II, 1842, p. 18.

Boyer choisit François Magendie comme prosecteur, collaborateur chargé de disséquer sur les cadavres les pièces anatomiques nécessaires aux leçons du maître.

Cette promotion rapide permit à Magendie de prendre contact, à l'Hôtel-Dieu, avec d'éminentes personnalités médicales, de peu ses aînés : Marie François Xavier Bichat et Guillaume Dupuytren (1777-1835), chirurgien-chef de l'Hôtel-Dieu. Dès son premier concours, le 7 floréal an XI (1803), Magendie fut reçu Interne des hôpitaux de Paris et put désormais subvenir seul à ses besoins ; il complétait ses émoluments d'interne en donnant des cours privés d'anatomie. Ce fut malgré tout pour Magendie, sur le plan matériel, une période de gêne : il avait à cette époque un chien avec lequel il partageait sa nourriture, de sorte, dira-t-il plus tard, que ni l'un ni l'autre ne devinrent gros.

Il se rendit compte, dans ces années 1800, des insuffisances de l'éducation qu'il avait reçue. Il ajouta donc au temps qu'il consacrait à ses études médicales, aux dissections qu'il effectuait pour son chef de service, à son enseignement d'anatomie, les heures nécessaires pour se perfectionner en latin. Au début du XIXe siècle, les thèses de doctorat se soutenaient encore en latin.

Il entreprit aussi, vers cette époque, ses premiers travaux de recherche en anatomie qui ne portèrent pas seulement sur l'homme. Ayant reçu de Georges Cuvier (1769-1832) la possibilité d'utiliser un local au Muséum pour ses recherches, il y disséqua divers cadavres d'animaux et commença, dans la voie tracée par Cuvier, des études d'anatomie comparée.

En l'an XII (1804), il fut nommé interne à l'hôpital Saint-Louis où il resta jusqu'au 15 pluviôse. Puis il passa à l'hôpital des Vénériens (aujourd'hui annexé à l'hôpital Cochin) jusqu'à la fin de l'an XIII. En cette année XIII (1805), sa santé eut un fléchissement et il fit vraisemblablement une dépression nerveuse. Bien qu'ayant hérité de son père la « rudesse républicaine », Magendie tenait sans doute de sa mère une certaine délicatesse, une élégance et une distinction naturelle qui lui permirent de fréquenter les salons aristocratiques de l'époque. Mais sa vie de dur labeur, ses gardes à l'hôpital, les privations qu'il s'imposait (justement pour bien se présenter dans les salons), tout cela s'ajoutant aux incertitudes sur son avenir professionnel, provoquèrent sa dépression. Lui-même attribua son état de faiblesse et sa tristesse à une maladie incurable inconnue, comme il est très courant de la constater chez les jeunes étudiants en médecine. Et c'est à cette époque – il avait 22 ans – qu'il fut appelé par la conscription militaire ; son état de santé le dispensa du service militaire, sur la base d'un rapport que l'on a retrouvé dans les archives de l'armée :

> Vu la décision de la Commission chargée de l'examen des conscrits relative au sieur Magendie François, [...] accorde dispense définitive au sieur Magendie [...] conscrit de l'an XIII (1805), natif de Bordeaux, taille d'un mètre 600 millimètres, cheveux et sourcils bruns, front dégagé, nez gros, bouche moyenne, menton rond, visage ovale, [...] fils d'Antoine et de Marie-Nicole de Perey-Delannay, demeurant rue de Verneuil n° 781, lequel a des obstructions viscérales. [...] À Paris, le 10 fructidor an XIII.

Un événement heureux vint mettre fin à la dépression de Magendie. Il hérita en l'an XIV d'un legs de vingt mille francs-or, somme assez considérable.

> Il s'ordonna, nous dit Flourens[3], l'acquisition de jolis chevaux, de chiens gracieux. La surveillance en fut confiée à un groom coquet, élégant, qui était chargé en outre de tenir un léger équipage, à la disposition de l'imprévoyant mais heureux possesseur de toutes ces superfluités.

Magendie déclara plus tard « qu'il passait toutes ses récréations à l'écurie ». Sa santé, rapidement restaurée, lui permit de reprendre ses études et son service à l'hôpital. En avril 1807, il passe un concours lui ouvrant la place d'« aide en anatomie » à l'École de médecine de Paris. Un mois plus tard il réussit ses examens de médecine légale et d'hygiène et finalement, en février 1808, il passe son examen

---

3. P. Flourens, *Éloge historique de Magendie*, *op. cit.*

clinique terminal. Il est nommé docteur en médecine après avoir soutenu une thèse jugée excellente[4]. Il y traitait de deux questions, l'une de chirurgie, l'autre de physiologie : la fracture du cartilage des côtes et des usages du voile du palais. Le diplôme de docteur, signé des membres du conseil de l'École de médecine (Boyer, chirurgien, Richerand, physiologiste et pathologiste, Sue, spécialiste de médecine légale et Thouret, directeur de l'École, administrateur-médecin sans chaire), n'a été enregistré à la préfecture du département de la Seine qu'en 1813. De toutes les spécialités représentées en 1808 à l'École de médecine de Paris, la physiologie représentait probablement la discipline ayant le plus brillant avenir.

4. F. Magendie, *Essai sur les usages du voile du palais, avec quelques propositions sur la fracture du cartilage des côtes*, thèse présentée et soutenue à l'École de médecine de Paris, le 24 mars 1808, par Magendie de Bordeaux, aide d'anatomie à l'École de médecine de Paris, membre de la société anatomique, Paris, Didot Jeune, 1808.

III

Premières recherches de Magendie

Parmi tous les grands savants du XIXe siècle commençant (Cuvier, Geoffroy Saint-Hilaire, Berthollet, Gay-Lussac, Poiseuille, Corvisart, Laennec, Pelletan, Caventou, etc.) le jeune docteur François Magendie eut la chance d'être remarqué et de se lier avec Pierre-Simon de Laplace (1749-1827). L'illustre savant avait collaboré, dans sa jeunesse, avec Lavoisier pour présenter à l'Académie des sciences un mémoire sur la respiration et la chaleur animale [1] :

> L'on peut regarder, écrivaient ces auteurs, la chaleur qui se dégage dans le changement de l'air pur [atmosphérique] en air fixe [chargé de dioxyde de carbone] par la respiration, comme la cause principale de la conservation de la chaleur animale. [...] La respiration est donc une combustion, à la vérité fort lente, mais d'ailleurs parfaitement semblable à celle du charbon. [...] La chaleur développée dans cette combustion se communique au sang qui traverse les poumons et de là se répand dans tout le système animal.

Cette conception de la respiration était partiellement inexacte ; on sait aujourd'hui que les combustions respiratoires ont lieu dans tous les tissus de l'organisme et non dans les seuls poumons qui ne sont que le lieu d'échange avec le sang des gaz respiratoires : dioxygène lors de l'inspiration, dioxyde de carbone lors de l'expiration. Néanmoins Lavoisier et Laplace, par leurs expériences précises de calorimétrie,

1. A. L. Lavoisier et P.-S. Laplace, « Mémoire sur la Chaleur IV De la combustion et de la respiration », *Mémoire de l'Académie des sciences*, Paris, 1780.

ont définitivement mis fin au concept ancien de « feu inné » siégeant dans le cœur, principe de vie selon Aristote ou Descartes, et que la respiration pulmonaire aurait eu seulement pour rôle de tempérer. Cette démarche scientifique des deux académiciens du XVIIIe siècle consistant à remplacer un « feu vital », d'origine divine peut-être, par le phénomène physique (ou chimique) de la combustion devait retenir toute l'attention du jeune Magendie.

L'esprit positif et critique de ce jeune médecin plut à Laplace et les deux hommes devinrent amis. Pierre-Simon de Laplace, célèbre astronome, était le représentant honoré des sciences exactes : mathématiques, astronomie et physique ; il restait cependant attentif aux progrès de la physiologie, tout en soutenant que cette science manquait de bases solides et « qu'elle attendait encore son Newton ». Magendie, encouragé par Laplace, rêvait sans doute de devenir le Newton de la physiologie.

I. PREMIÈRES RÉFLEXIONS SUR LE VITALISME

François Magendie fut, dès 1809, un auditeur assidu des séances de l'Académie des sciences. Il avait par ailleurs été nommé, en 1808, membre de la *Société médicale d'émulation* créée en 1796 par trois savants parmi lesquels se trouvait François-Xavier Bichat. C'est dans le *Bulletin des Sciences Médicales*, édité par cette société, qu'il publia son premier texte de réflexion scientifique : « Quelques idées générales sur les phénomènes particuliers aux corps vivants.[2] » En dépit de son titre, cet article constitue déjà une première critique des « propriétés vitales » introduites en physiologie par Bichat et tous ses collègues ou successeurs de l'école vitaliste française de Montpellier. Magendie y dénonçait en particulier la multiplication surprenante de ces propriétés vitales dans la physiologie de Bichat :

2. F. Magendie, « Quelques idées générales sur les phénomènes particuliers aux corps vivants », *Bulletin des Sciences Médicales (Paris)*, 4, 1809, p. 145-170.

> Pourquoi donc, disait-il, faut-il à propos de chaque phénomène des corps vivants inventer une force vitale particulière et spéciale. Ne pourrait-on pas se contenter d'une seule force, qu'on nommerait *force vitale* d'une manière générale, en admettant qu'elle donne lieu à des phénomènes différents suivant la structure des organes et des tissus qui fonctionnent sous son influence. Mais cette force vitale unique, n'est-elle pas encore de trop ? N'est-ce pas là une simple hypothèse, puisque nous ne pouvons pas la saisir ? Et il serait peut-être plus avantageux que la physiologie commençât seulement à l'instant où les phénomènes des corps vivants deviennent appréciables à nos sens.

Bien qu'une telle déclaration fasse encore état d'une position philosophique vitaliste – puisque Magendie conservait « une force vitale unique » à la source de tous les phénomènes manifestés par les corps vivants –, on sent bien que le jeune chercheur se détourne des théories fumeuses ne reposant que sur l'usage immodéré d'entités abstraites (activité, sensibilité, réceptivité, irritabilité, contractilité, etc.) et qu'il se tourne vers la mise à jour, par l'expérimentation, de faits nouveaux pour fonder la physiologie nouvelle dont il rêve, et qui reposerait sur des bases plus assurées que celles léguées par le XVIIIe siècle.

Magendie, par exemple, se propose « d'abolir les propriétés vitales connues sous le nom de sensibilité animale et de contractilité animale et de considérer ces propriétés comme des fonctions physiologiques ». « Une fonction, dit-il encore, est le but commun d'un certain nombre d'organes. » Il n'y a pas *un* organe de la contractilité ; celle-ci exige la participation d'un muscle, d'un nerf et du cerveau. Il n'y a pas *un* organe de la digestion, mais un ensemble d'organes qui participent à cet acte. Il en résulte qu'on ne peut pas attribuer une fonction physiologique, qui est un phénomène vital complexe, à une structure anatomique simple et bien définie. Il condamne donc la tentative de Bichat de distinguer autant de « propriétés vitales » dans un organisme qu'il y a de tissus différents et il avance l'idée que la physiologie ne doit rendre compte que de deux phénomènes essentiels à la vie : la nutrition et le mouvement. Il avance cette nouvelle profession de foi :

> Deux corps vivants ayant la même organisation manifestent les mêmes phénomènes vitaux ; deux corps vivants ayant des organisations différentes manifesteront une diversité de phénomènes vitaux, laquelle sera toujours en proportion directe de la différence d'organisation.

Dans le même article, Magendie écrivait encore :

> La majorité des faits physiologiques doivent être vérifiés par de nouvelles expériences et ceci est le seul moyen de tirer la physique des corps vivants hors de l'état d'imperfection dans laquelle elle stagne à présent.

Dès ce premier article de réflexion sur la biologie s'affirme donc, chez le jeune Magendie de vingt-six ans, le mépris des mots, des théories ou des conventions en même temps qu'une rude franchise et une exceptionnelle indépendance de jugement.

En avril 1813, la *Société philomatique* reçut en son sein François Magendie. Cette compagnie groupait à l'époque les noms les plus fameux de la science et devenir membre de cette société était un premier pas vers l'élection à l'Académie des sciences. Les travaux scientifiques de Magendie, qui justifiaient cette cooptation à la société savante et qui poursuivaient en quelque sorte son travail de thèse, concernaient essentiellement le mécanisme du vomissement et le rôle de l'épiglotte dans la déglutition.

II. SUR LES MÉCANISMES DU VOMISSEMENT ET DE LA DÉGLUTITION

Le *vomissement* est un acte généralement involontaire. Contrairement à la théorie classique soutenue par Albrecht von Haller, selon laquelle le vomissement résulterait d'une contraction compulsive de l'estomac, Magendie montra que l'estomac ne jouait qu'un rôle passif dans le processus. C'était, démontrait-il, la contraction du diaphragme et celle des muscles abdominaux qui étaient à l'origine du rejet brutal de nourriture par la bouche (voir figure 2 pour la position anatomique des viscères abdominaux).

Pour prouver sa thèse, Magendie fit des expériences sur des animaux vivants. « Toutes mes expériences ont été faites sur des chiens ou des chats, écrivit-il, animaux très propres à ce genre de recherches par la facilité avec laquelle ils vomissent.[3] »

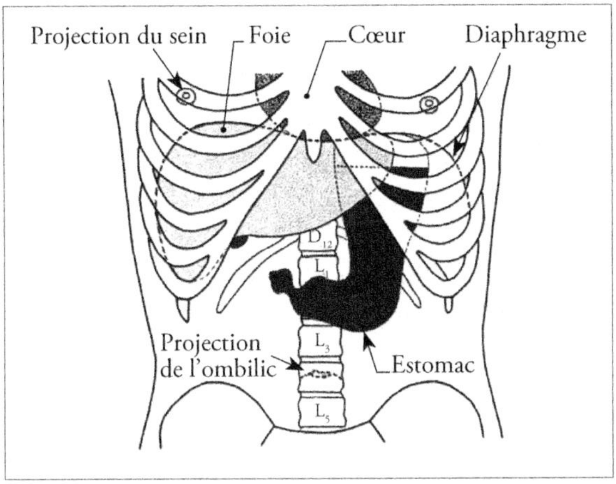

Figure 2. Schéma montrant la place exacte de l'estomac, du foie et du cœur, par rapport au squelette et au diaphragme.

Ayant injecté dans les veines jugulaires d'un chien du tartrate double d'antimoine et de potassium (c'est-à-dire de *l'émétique*, un vomitif puissant bien connu), Magendie constata d'abord une entrée importante d'air dans l'estomac mais l'organe restait totalement inerte ; le vomissement qui survenait ensuite nécessitait donc une pression mécanique exercée par le diaphragme et les muscles abdominaux sur l'estomac pour que le phénomène se produise. Après le vomissement, l'expérimentateur constatait que l'estomac s'était bien vidé et qu'il restait flasque. La démonstration était complétée par l'expérience suivante : lorsqu'on retirait l'estomac d'un chien vivant et qu'on le remplaçait après l'opération par une petite vessie de porc contenant de l'eau colorée (les extrémités sectionnées

3. F. Magendie, *Mémoire sur le vomissement*, Paris, Crochard, libraire, 1813, p. 12.

de l'œsophage et du duodénum ayant été hermétiquement abouchées à la vessie de porc), l'injection d'émétique dans les veines jugulaires provoquait le vomissement de l'eau colorée sans qu'il n'y ait eu d'autres contractions possibles que celles du diaphragme et des muscles abdominaux.

Une commission de l'Académie des sciences composée de Percy, Pinel, Cuvier et Humboldt fut nommée pour examiner les expériences de Magendie sur le vomissement. Magendie demanda aux membres de la commission de passer les doigts à travers une incision pratiquée dans la paroi abdominale d'un chien afin de suivre les mouvements des viscères internes ; les examinateurs purent ainsi constater l'affaissement puis la pression énergique du diaphragme sur l'estomac lors du vomissement provoqué ; ils constatèrent aussi l'inertie totale de l'estomac. Un des commissaires ayant demandé à l'expérimentateur de couper les nerfs irriguant le diaphragme et ceux commandant les muscles abdominaux, la commission constata qu'après ingestion d'une dose conséquente d'oxyde de mercure (servant de vomitif) l'animal, très agité, ne vomissait pourtant pas. Ces expériences validaient les conclusions de Magendie. La question demeurait cependant de savoir comment, chez le chien normal (aux nerfs abdominaux non sectionnés), un vomitif ingurgité passait de l'estomac aux centres nerveux commandant le vomissement.

La *déglutition*, contrairement au vomissement, est un acte volontaire. Magendie montra que le voile du palais et l'épiglotte (figure 3) ne sont pas seuls nécessaires pour avaler la nourriture, contrairement à la doctrine en vigueur à son époque qui estimait suffisant que l'épiglotte couvre, en s'abaissant activement, l'entrée de la trachée pour permettre aux aliments de se diriger vers l'œsophage. Pour sa démonstration [4] Magendie fit encore appel à des expériences conduites sur des chiens vivants. Il montra que lors de la déglutition, ce n'est pas l'épiglotte qui descend sur le larynx, mais au contraire que c'est celui-ci qui est porté vers le haut et en avant contre

4. F. Magendie, *Mémoire sur l'usage de l'épiglotte dans la déglutition*, Paris, Méquignon-Marvis, 1813.

l'épiglotte (figure 3). Pour prouver cette thèse, Magendie procéda à la section des nerfs irriguant le larynx d'un chien ; ensuite, lors de l'ingestion de la nourriture, le chien opéré s'étouffa parce que le bol alimentaire pénétrait dans la trachée. Le mécanisme de fermeture de la glotte (orifice supérieur du larynx et de la trachée artère) tient à l'ascension de l'os hyoïde et du larynx tout entier tiré vers le haut par les muscles du plancher buccal ; géniohyoïdien, stylohyoïdien et digastrique (figure 4). Ce mouvement entraîne le télescopage du larynx sous la masse déjà contractée et dure des muscles de la langue qui s'élève des incisives vers le palais. Ce mouvement ascendant du larynx comprime la graisse de l'espace sous-thyroïdien et rabat l'épiglotte sur le vestibule laryngé (voir figure 3). La fermeture de la glotte effectuée, le bol alimentaire peut glisser dans l'œsophage, en croisant sans dommage la voie respiratoire alors fermée.

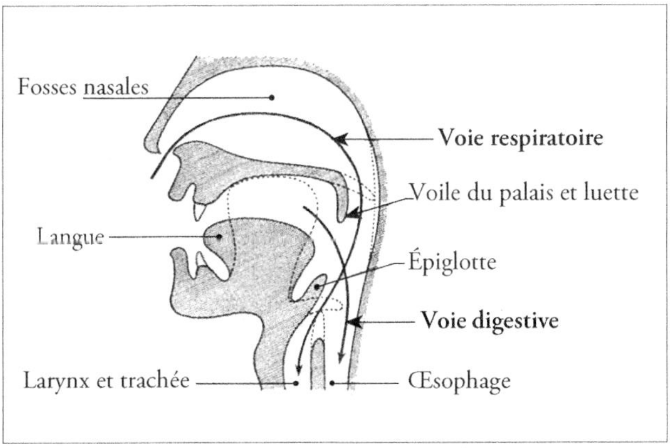

Figure 3. Mouvement de déglutition : soulèvement de la langue et du voile du palais, soulèvement du larynx qui va à la rencontre de l'épiglotte qui s'abaisse.

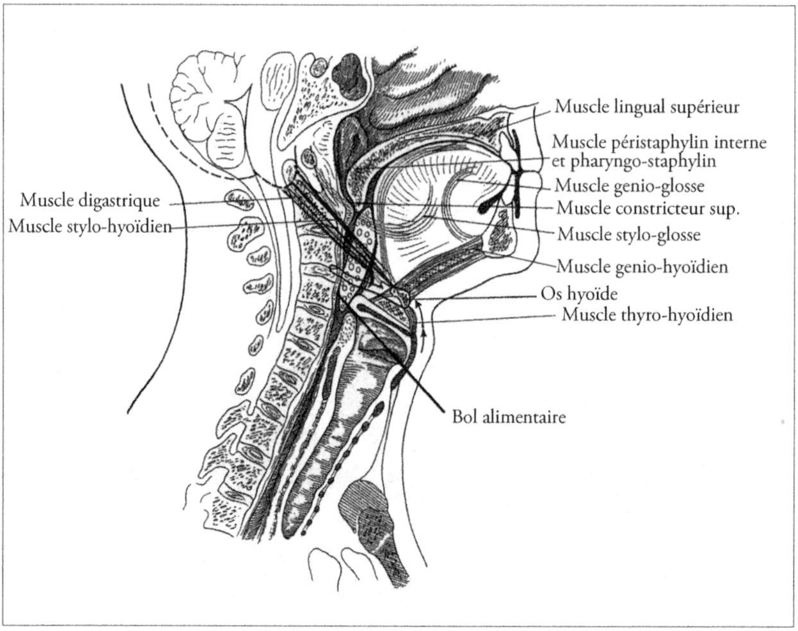

Figure 4. Les muscles de la zone pharyngo-laryngienne qui interviennent dans la déglutition.

On ne peut donc déglutir que la bouche fermée et pendant un temps très bref on cesse de respirer. Dès que le bol alimentaire a pénétré dans l'œsophage, le larynx et l'os hyoïde redescendent et les voies aériennes naso-pharyngées sont libérées ; la respiration reprend. La radio-cinématographie contemporaine a confirmé pour l'essentiel le mécanisme de la déglutition proposé par Magendie. Le centre nerveux qui coordonne les mouvements de la déglutition se trouve dans le cerveau, sous le plancher du IVe ventricule. Les nerfs mis en jeu sont les nerfs lingual, glosso-pharyngien et pneumogastrique.

En 1814, se pose une nouvelle fois pour François Magendie la question du service militaire. Bien qu'exempté une première fois, comme nous l'avons vu précédemment (voir p. 41), il fut à nouveau appelé à faire partie des armées napoléoniennes. L'Académie des sciences intervint officiellement pour obtenir une dispense de service militaire pour le jeune et brillant savant, dispense qui lui fut accordée par le décret suivant :

> Au Palais des Tuileries, le 26 février 1814, Napoléon, Empereur des Français, Roi d'Italie et Protecteur de la Confédération du Rhin, sur le rapport de notre Ministre de l'Intérieur, nous avons décrété et décrétons ce qui suit :
> *Article premier* : Nous accordons l'exemption du service militaire au sieur Magendie, savant né à Bordeaux le 6 octobre 1783, Département de la Gironde.
> *Art. 2* : Nos Ministres de l'Intérieur et de la Guerre sont chacun, en ce qui le concerne, chargés de l'exécution du présent décret. Pour l'Empereur et en vertu des pouvoirs qu'il nous a confiés : signé : Marie-Louise.
> Pour l'Impératrice Reine et Régente, le ministre d'État, Secrétaire de la Régence : signé : le Duc de Cadore.
> Pour ampliation : le Ministre de l'Intérieur, Comte de l'Empire : Montalivet.

Le ministre, dans une lettre annexe, ajoute : « Vous devez cette marque de faveur aux succès que vous avez déjà obtenus dans les sciences. Je ne doute pas que vous ne redoubliez d'efforts pour vous en rendre de plus en plus digne. » Magendie tint à faire honneur aux recommandations du ministre. Il publia deux nouveaux articles scientifiques en 1816 :

- « Note sur les gaz intestinaux de l'homme sain », *Bulletin de la Société de Philomatique*, 4, 1816, p. 129 ;
- « Mémoire sur les propriétés nutritives des substances qui ne contiennent pas d'azote », *Bulletin de la Société de Philomatique*, 4, 1816, p. 137.

III. RECHERCHES SUR LA CARENCE AZOTÉE EN NUTRITION HUMAINE

Magendie refusait de laisser les seuls chimistes trancher les questions de nutrition humaine, malgré les prétentions de Dumas (1800-1882) en France, Mitscherlich (1794-1863) en Autriche ou Liebig (1803-1873) en Allemagne. C'était aux physiologistes, estimait-il, qu'il appartenait de résoudre les problèmes de nutrition, par des expériences bien conduites. Aussi Magendie entreprit-il dans son laboratoire de la faculté de médecine une série d'expérimentations sur la nutrition animale, dans lesquelles il nourrissait des chiens avec différentes « substances pures » (c'est-à-dire ne contenant qu'une seule catégorie chimique d'aliments) : eau sucrée, suspensions aqueuses d'huile d'olive, de gomme arabique ou de beurre. Avec l'eau sucrée, les suspensions de gomme arabique ou de beurre, les chiens présentaient très vite des altérations de la cornée : il s'agissait de xérophtalmies dues à l'absence de vitamine A, non encore découverte à l'époque[5] ; avec l'huile d'olive (qui apportait de la vitamine A) on n'observait pas de xérophtalmies mais, quel que soit le régime fourni, les chiens finissaient par mourir au bout de quelques semaines. Il suffisait cependant d'ajouter une matière azotée (caséine, albumine ou gluten) dans la nourriture des chiens pour que la mort leur soit évitée. Ces premières recherches sur la *qualité* des aliments exigée par un animal et sur les effets de la carence azotée démontrèrent la nécessité absolue d'une substance azotée dans la ration alimentaire.

La question devait être reprise par Magendie, une vingtaine d'années plus tard, en 1834, quand s'ouvrit en France un grand débat sur la possibilité de nourrir les patients des hôpitaux avec la seule « soupe de gélatine » que l'on pouvait se procurer à bon marché. La gélatine était fournie en abondance par les os des carcasses d'animaux de boucherie. Des « soupes de gélatine » furent ainsi offertes pendant des mois aux patients de l'Hôtel-Dieu ou de l'hôpital de la Charité. Les résultats observés provoquèrent de furieux débats entre médecins, chimistes et physiologistes. Les désaccords poussèrent l'Académie des sciences à constituer une « Commission de la gélatine » dont faisaient partie le chimiste Dumas, le physiologiste Magendie et les médecins Thouret et d'Arcet. La commission travailla par enquêtes et expériences, de 1834 à 1841, et les conclusions qu'elle déposa manquèrent totalement de clarté.

---

5. Cette vitamine A (anti-xérophtalmique) ne fut découverte qu'en 1913 par E. Mac Cullum.

Selon la commission, la gélatine, « aliment plastique », faisait partie, comme d'autres substances azotées (albumine, fibrine, caséine) de la ration alimentaire habituelle des carnivores ; cette substance était « assimilée » par l'organisme sans être oxydée. Ce n'était en aucun cas un « aliment respiratoire », susceptible d'être dégradé pour fournir à l'organisme l'énergie dont il avait besoin.

À la même époque, l'agronome français Jean-Baptiste Boussingault (1802-1887) démontrait que les plantes pouvaient réduire les nitrates du sol pour fabriquer les substances azotées végétales (nommées alors « albumine de plante », « fibrine de plante », gluten de la farine de blé, etc.). L'école française de chimie du début du XIXe siècle (Dumas, Boussingault, Chevreul, Payen, Persoz, Thénard) considérait les plantes comme des « appareils de réduction » du dioxyde de carbone de l'air (transformé en sucre dans les tissus végétaux verts) et de réduction des nitrates du sol (transformés en substances azotées dans les mêmes tissus). Le dioxygène rejeté dans l'atmosphère par les plantes était un produit secondaire de ces transformations. En revanche, les animaux – et les hommes – étaient jugés incapables de synthétiser les matières organiques (sucrées ou azotées) et ne semblaient être que des « appareils d'oxydation ou de combustion » rejetant principalement du dioxyde de carbone dans l'atmosphère. Le dioxygène absorbé au cours de la respiration des animaux servait aux oxydations dans l'organisme. L'école française rivalisait, sur les mêmes thèmes avec les chimistes allemands emmenés par Justus Liebig (1803-1873), professeur à l'université de Giessen.

Les questions non tranchées par la commission de la gélatine étaient principalement les suivantes : la gélatine, « aliment plastique », pouvait-elle aussi servir de « combustible respiratoire » ? Plus généralement, l'homme pouvait-il synthétiser de nouvelles substances azotées à partir de produits de dégradation partielle de la gélatine ? La majorité des chimistes français, emmenés par Jean-Baptiste Dumas, professeur à la Sorbonne puis à l'École polytechnique, pensaient que l'homme en était incapable. Les chimistes allemands, conduits par Justus Liebig, étaient d'un avis contraire. Liebig, par exemple, affirmait avec force que les animaux ne pouvant emprunter aux plantes de leur ration alimentaire les molécules très complexes formant la matière de leur cerveau, ils devaient bien dès lors être capables de synthétiser ces molécules grasses ou azotées.

Un premier débat s'ouvrit dans les années 1838-1842 sur la question de l'origine des graisses animales. Ces substances, superbement analysées par le chimiste Michel-Eugène Chevreul (1786-1889)[6] dans son ouvrage, *Recherches chimiques sur les corps gras d'origine animale*[7], pouvaient être dégradées par les combustions respiratoires à l'intérieur des organismes animaux. La démonstration expérimentale de cette dégradation avait été apportée par Jean-Baptiste Dumas qui utilisait dans ses expériences du sang animal pour effectuer les dégradations d'acides gras en tube à essai. Le sang fut alors envisagé (à tort) comme le milieu où s'effectuaient les combustions respiratoires. À la suite de ces premiers travaux, Dumas restait ferme sur sa position de principe que les animaux étaient incapables de synthétiser leurs propres graisses. Le débat fut finalement tranché par la démonstration effectuée par le chimiste du Collège de France, Théophile Pelouze (1807-1867), beau-père de Pasteur, qui montra que les produits de dégradation ménagée des sucres végétaux pouvaient servir à la synthèse de certains acides gras comme l'acide butyrique, constituant important du lait de vache et du beurre. À la même époque, en 1844, Charles Chossat (1796-1875), physiologiste genevois, montra que des pigeons, nourris exclusivement de sucres, mouraient par carence de matières azotées, bien que leur corps soit alors surchargé de graisses. Boussingault montrait aussi, en utilisant des porcs, que les rations alimentaires favorisant le plus la synthèse des graisses animales devaient toujours comporter beaucoup de matières azotées.

Magendie, après sa nomination au Collège de France, en 1831, reprit avec son préparateur fraîchement nommé, Claude Bernard, la série d'expériences sur la nutrition des chiens qu'il avait commencées,

---

6. Voir P. Mazliak, *Parmentier, Chaptal, Chevreul. Trois grands pionniers de la chimie alimentaire*, Paris, Vuibert/Adapt, 2011.

7. M.-E. Chevreul, *Recherches chimiques sur les corps gras d'origine animale*, Paris, F.-G. Levrault, Libraire-éditeur, 1823.

en 1816, à la faculté de médecine. Il ressortit clairement de ces nouveaux essais nutritionnels que les animaux privés de toute substance azotée d'origine animale dans leur ration alimentaire mouraient, même si des substances azotées d'origine végétale leur avaient été données ; une certaine variété de substances azotées se révélait donc nécessaire.

On sait aujourd'hui que certains acides aminés, constituants chimiques de base des protéines humaines, ne peuvent être synthétisés par l'homme ; ce sont les *huit acides aminés essentiels* : tryptophane, lysine, méthionine, etc. Les douze autres acides aminés, *non essentiels* (alanine, arginine, cystéine, etc.) peuvent être formés dans l'organisme par des réactions d'inter-conversions entre acides aminés. Certains aliments peuvent couvrir tous les besoins de l'organisme en acides aminés essentiels : produits laitiers, œufs, viandes, poissons. Grâce aux inter-conversions d'acides aminés, ceux-ci permettent aussi la synthèse de toutes les protéines. En revanche, les aliments azotés d'origine végétale sont quasiment toujours déficients en acides aminés essentiels pour l'homme.

À trente-huit ans, Magendie devait cependant se préoccuper de gagner sa vie et de faire une carrière. En 1811, il était toujours prosecteur d'anatomie à la faculté de médecine de Paris. Il ne s'entendait pas très bien avec le titulaire de la chaire d'anatomie et de physiologie, François Chaussier (1746-1822) ; il eut d'ailleurs avec son chef hiérarchique plusieurs différents au sujet de pièces d'anatomie qu'il avait lui-même préparées. D'un autre côté, le professeur de la chaire de chirurgie, Guillaume Dupuytren (1777-1835), voyait déjà en Magendie un dangereux rival, ce qui le conduisait à manifester une franche hostilité envers son jeune confrère. La situation de Magendie était donc très incertaine. En 1813, Magendie résigna donc ses fonctions à la faculté de médecine (par démission volontaire) ; il fit enregistrer son diplôme de docteur en médecine à la préfecture de Paris, ce qui laisse penser qu'il songeait alors à s'ouvrir en ville un cabinet pour se faire une clientèle privée.

Magendie abandonnait donc définitivement la chirurgie, à une époque de sa vie qui coïncidait par ailleurs avec la mort de son père.

Pierre Flourens, dans son *Éloge historique de François Magendie* (1858), nous dit que « sa nature âpre et dominatrice » répugnait « à la concurrence acceptée, aux rivalités qui ne se laissent pas désarmer ».

Finalement, toujours gagné par le démon de la recherche, Magendie s'engagea, après sa démission, dans une autre voie professionnelle qui fit de lui, jusqu'à la fin de sa vie, un véritable enseignant-chercheur.

IV

Magendie enseignant-chercheur

La nouvelle carrière de François Magendie s'inscrit dans le profond mouvement de rénovation de l'enseignement médical qui se produisit en France, au début du XIXe siècle.

I. LES BOULEVERSEMENTS DE L'ENSEIGNEMENT MÉDICAL AU DÉBUT DU XIXe SIÈCLE

Le 8 août 1792, la faculté de médecine de Paris était dissoute par un arrêté de l'Assemblée législative. Le 8 août de l'année suivante, la Convention abolissait la Société de médecine, l'Académie de chirurgie, de même que l'Académie française et toutes les Sociétés académiques dotées par la Nation, notamment l'Académie des sciences. Furent ainsi supprimées dix-huit facultés de médecine (Paris, Montpellier, Lyon, Caen, Dijon, Aix, Toulouse, etc.) et quinze collèges de chirurgie. Cette situation ouvrit immédiatement la porte à de nombreux abus. Comme il n'y avait plus d'enseignement officiel, plus d'examens, quiconque avait suivi les leçons d'un maître quelconque pendant quelques mois, ou même certains individus qui n'avaient suivi aucune formation, se mirent à pratiquer la médecine et la chirurgie. Les professions de santé étaient ainsi livrées au charlatanisme le plus effronté.

La situation était particulièrement intenable dans les armées de la République en guerre avec toute l'Europe. Les armées manquaient cruellement de chirurgiens : six cents d'entre eux, qui avaient trouvé la mort sur les champs de bataille, ne purent être remplacés, malgré les réquisitions décidées par la Convention. Ainsi deux ans à peine après la suppression des facultés, des voix nombreuses demandaient leur rétablissement. Le célèbre chimiste Fourcroy (1755-1809), membre de la Convention, et le médecin Thouret (1748-1816) ancien président de la Société royale de médecine, établirent conjointement un rapport proposant la création de nouvelles Écoles de santé, qui seraient placées sous l'autorité du Comité d'Instruction publique de la Convention. Ce rapport, présenté par Fourcroy le 7 frimaire an III (1794) fut transformé en loi quelques jours après (le 14 frimaire an III).

Fourcroy réorganisa aussi entièrement les études de pharmacie.

En 1794 furent ainsi fondées trois *Écoles de santé* : celles de Paris, Montpellier et Strasbourg. Ces écoles alliaient à leur création les enseignements de médecine et de chirurgie. Mais en 1797, elles devinrent uniquement des Écoles de médecine. À cette date fut créée par la Convention la forme d'enseignement médical encore pratiqué aujourd'hui dans les facultés de médecine. Une part considérable du temps des études était consacrée aux études pratiques d'anatomie (exercices de dissection), à la pratique de la chimie, à l'observation clinique au lit du malade (à l'hôpital) et à l'apprentissage des opérations chirurgicales.

Trois grands hôpitaux parisiens furent fondés (ou réorganisés) par la Convention : celui de l'*Humanité* (ancien Hôtel-Dieu) pour les maladies externes, celui de l'*Unité* (ancien hôpital de la Charité) pour les maladies internes et celui de l'*École de santé de Paris*, pour les maladies rares et compliquées. Dans ce dernier *hôpital des Cliniques* (encore appelé *Clinique de perfectionnement*), la chirurgie fut confiée à Philippe Jean Pelletan (1747-1829) et Antoine Dubois (1756-1837), et la médecine à André-Marie Lallement (1767-1834) et Jean-Georges Cabanis (1757-1808). Les cours de l'*École de médecine de Paris* avaient lieu principalement dans les bâtiments de l'ancien couvent des Cordeliers.

Le recrutement des élèves des écoles de santé s'opérait par l'attribution d'une place d'étudiant à chaque district de la république, sur la base de certaines exigences d'instruction, de civisme et de moralité.

Voici les termes employés par Fourcroy pour résumer les conditions exigées des élèves :

> Une bonne conduite, des mœurs pures, l'amour de la République et la haine des tyrans, une éducation assez soignée pour qu'on soit assuré que les élèves possèderont les premiers éléments des sciences exactes, et surtout la culture de quelques-unes de celles qui servent de préliminaires à l'art de guérir, telles que la physique, l'histoire naturelle, la chimie ou l'astronomie [1].

Prévue pour former 300 étudiants, l'École de santé de Paris en accueillit plus de mille dès la rentrée de 1797. Les élèves des trois écoles de santé recevaient, pendant leurs trois années d'études, un pré-salaire annuel de 1 200 livres. À l'issue de ces trois ans, ils n'obtenaient pas de diplôme mais ils étaient envoyés comme « officiers de santé » dans un hôpital ou une unité de l'armée. En 1803, une nouvelle loi (du 19 ventôse an XI) rétablit les grades de docteur en médecine et de docteur en chirurgie, octroyés dans l'empire napoléonien par cinq écoles de médecine et de chirurgie ; Paris, Strasbourg, Montpellier, Turin et Mayence. Les candidats devaient faire preuve de cinq ans de pratique, soit dans un hôpital, soit aux armées.

L'originalité de l'École de médecine de Paris résidait dans une combinaison de l'examen physique des patients (inspection, palpation, percussion, auscultation) avec la pratique des autopsies et l'établissement d'analyses statistiques. Au début du XIXe siècle, époque de la révolution industrielle, les hôpitaux parisiens étaient surchargés de malades provenant des faubourgs populaires de la capitale, envahis par les habitants des campagnes venus chercher du travail à Paris. Ces faubouriens vivaient dans des conditions d'hygiène et d'insalubrité épouvantables. Les salles communes des hôpitaux, dans lesquelles les patients étaient placés dans des conditions de grande proximité, favorisaient la propagation des maladies contagieuses, d'autant plus

1. A. F. Fourcroy, *Rapport à la Convention du Comité de Salut public et d'Instruction publique*, 7 frimaire an III.

que la contagion des maladies d'origine virale ou bactérienne n'était pas un fait reconnu par les médecins.

Parmi les grands médecins de l'École de Paris enseignant à cette époque, on trouve d'abord Philippe Pinel (1745-1826), médecin-psychiatre à la Salpêtrière, qui créa la nosologie ou classification des maladies ; son ouvrage, *Nosographie philosophique* (1798), servit, pendant plus de vingt ans de Code aux médecins français. Son disciple Marie-François-Xavier Bichat, médecin à l'Hôtel-Dieu, déplaça le siège des maladies des organes aux tissus, créant l'anatomie pathologique et l'histologie, tout en étudiant les « propriétés vitales » particulières aux tissus nerveux et musculaires. Jean-Nicolas Corvisart (1755-1821), médecin à l'hôpital de la Charité, établit de solides corrélations entre les données de la percussion et de l'auscultation des « bruits du cœur » et celles fournies par l'autopsie des patients décédés. François Broussais (1772-1838), médecin à l'hôpital du Val-de-Grâce, contribua à la « révolution médicale » par sa conception physiologique de la maladie, y compris la maladie mentale. Il remplaça, par exemple, les « fièvres essentielles » de Pinel par « la gastroentérite » qui englobait de nombreuses pathologies intestinales et la fièvre typhoïde. Le médecin Pierre André Louis (1782-1872) fut le fondateur de la statistique médicale et l'un des protagonistes de « l'école d'anatomie pathologique » qu'illustrent les noms de Théophile Laennec (1781-1826), grand maître de l'auscultation, inventeur du « cylindre acoustique », ancêtre du stéthoscope, et ceux d'Auguste François Chomel (1788-1858) ou de Léon Rostan (1790-1846). Alfred Vulpian (1826-1887) ou Jean-Martin Charcot (1805-1893) succédèrent à Laennec à l'hôpital de la Salpêtrière. On peut véritablement dire que, dans les années 1830-1850, l'École de médecine de Paris était la plus performante du monde ; aux grands noms déjà cités allait bientôt s'ajouter une pléiade de brillants savants : François Magendie, Pierre Flourens, Charles-Édouard Brown-Sequard, Claude Bernard, Louis Pasteur, Paul Bert, etc.

De grands médecins exerçaient aussi leur métier en province. Pierre Bretonneau (1771-1862), médecin en chef de l'hôpital de Tours, a dressé les tableaux cliniques de la typhoïde et de la diphtérie puis se déclara ferme partisan du caractère contagieux de ces maladies. Il eut à lutter, tout comme Pasteur à ses débuts, contre un courant « anticontagionniste », et nous verrons que Magendie ne fut pas insensible aux arguments avancés par les partisans de ce courant. L'Académie de médecine fut une forteresse de « l'anticontagionnisme ». Après des mois de vives discussions et malgré les épidémies contemporaines, cette académie conclut à la non-contagiosité de la fièvre jaune (1828), du choléra (1832), de la peste (1846) sans parler de la « phtisie » (tuberculose). Les élèves les plus remarquables de Bretonneau furent Alfred Velpeau (1795-1867) et Armand Trousseau (1806-1867). L'« anticontagionnisme » ne devait s'écrouler qu'après les travaux de Pasteur sur le charbon des ruminants (1877) ou le choléra des poules (1878) [2].

II. LE *PRÉCIS ÉLÉMENTAIRE DE PHYSIOLOGIE* (1816)

Magendie, après sa démission de la faculté de médecine, commença par organiser des cours privés et des démonstrations de physiologie expérimentale dans un amphithéâtre ayant appartenu, à l'origine, au séminaire de Saint-Nicolas-du-Chardonneret, puis érigé pendant la Révolution en École de médecine. Xavier Bichat ou Guillaume Dupuytren, entre autres, y avaient enseigné. Les cours de physiologie de Magendie eurent beaucoup de succès : ses exposés concis, les expériences de vivisection qu'il pratiquait sur les animaux à des fins de démonstration devant son auditoire, établissaient un contact très apprécié de la jeunesse estudiantine. Ce succès décida Magendie à présenter en 1816, devant l'Académie des sciences, un *Précis élémentaire de physiologie* [3] totalement original (figure 5).

2. Voir P. Mazliak, *Les fondements de la biologie. Le XIXe siècle de Darwin, Pasteur et Claude Bernard*, Paris, Vuibert/Adapt, 2002.

3. F. Magendie, *Précis élémentaire de physiologie*, 2 volumes, Paris, Méquignon-Marvis, 1re édition 1816-1817, traduit en allemand, italien, anglais (Baltimore, 1822 et Édimbourg, 1826).

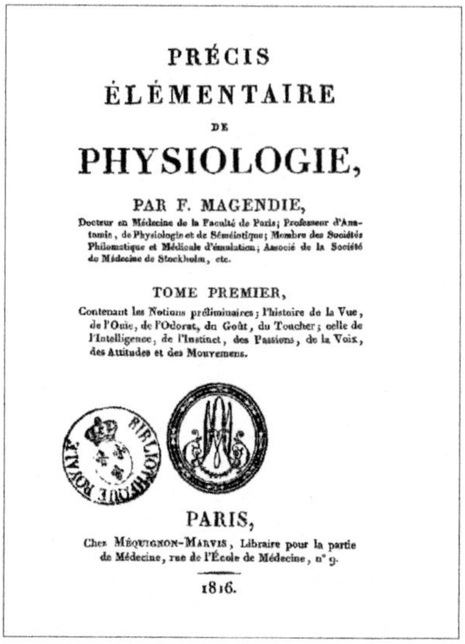

PRÉCIS
ÉLÉMENTAIRE
DE
PHYSIOLOGIE,

PAR F. MAGENDIE,
Docteur en Médecine de la Faculté de Paris; Professeur d'Anatomie, de Physiologie et de Séméiotique; Membre des Sociétés Philomatique et Médicale d'émulation; Associé de la Société de Médecine de Stockholm, etc.

TOME PREMIER,
Contenant les Notions préliminaires; l'histoire de la Vue, de l'Ouïe, de l'Odorat, du Goût, du Toucher; celle de l'Intelligence, de l'Instinct, des Passions, de la Voix, des Attitudes et des Mouvemens.

BIBLIOTHÈQUE ROYALE

PARIS,
Chez MÉQUIGNON-MARVIS, Libraire pour la partie de Médecine, rue de l'École de Médecine, n° 9.

1816.

Figure 5. Page de titre du *Précis élémentaire de physiologie* de François Magendie.

La préface qu'il rédigea, en 1825, pour la seconde édition de ce Précis nous livre clairement les intentions de l'auteur :

> Les sciences naturelles ont eu, écrit-il, comme l'histoire, leur temps fabuleux. L'astronomie a commencé par l'astrologie, la chimie n'avait guère que l'alchimie ; la physique n'a été longtemps qu'une vaine réunion de systèmes absurdes ; la physiologie, qu'un long et fastidieux roman ; la médecine qu'un amas de préjugés enfantés par l'ignorance et la crainte de la mort, etc. Singulière condition de l'esprit humain, qui semble avoir besoin de s'exercer longtemps sur des erreurs avant d'oser aborder la vérité !
>
> Tel fut l'état des sciences naturelles jusqu'au XVIIe siècle. Alors parut GALILÉE, et les savants purent apprendre que pour connaître la nature, il ne s'agissait pas de l'imaginer ou de croire ce qu'en avaient dit d'anciens auteurs, mais qu'il fallait l'observer et par-dessus tout l'*interroger* au moyen des expériences.
>
> Cette philosophie fut celle de DESCARTES ou de NEWTON ; elle ne cessa de les inspirer dans leurs immortels travaux.

Ce fut aussi celle des hommes de génie qui, dans le siècle dernier, ramenèrent la physique et la chimie à l'expérience ; elle anime aujourd'hui les physiciens et les chimistes de tous les pays, les éclaire dans leurs importants travaux, et forme entre eux un nouveau lien social à jamais indissoluble. [...]
À diverses reprises cependant il s'est présenté des hommes qui ont appliqué avec succès la méthode expérimentale à l'étude de la vie ; toutes les grandes découvertes modernes ont été les résultats de semblables efforts. La *science s'est enrichie de ces faits partiels, mais sa forme générale, sa méthode d'investigation est restée la même,* et à côté des phénomènes de la circulation, de la respiration, de la contractilité musculaire, etc., on voit encore, placées sur la même ligne et au même degré d'importance, de simples métaphores telles que « sensibilité organique », quelques êtres imaginaires, comme le « fluide nerveux », certains mots inintelligibles, tels que la « force » ou le « principe vital ».
Mon but principal, en écrivant la 1re édition de cet ouvrage (1816), a été de contribuer à changer l'état de la physiologie, de la ramener entièrement à l'expérience, en un mot de faire éprouver à cette belle science l'heureuse rénovation des sciences physiques. [...]
Le préjugé, si nuisible et si absurde, que les lois physiques n'ont aucune influence sur les corps vivants, n'a plus la même force ; les bons esprits commencent à entrevoir qu'il pourrait bien y avoir dans l'animal vivant divers ordres de phénomènes, et que des actes simplement physiques n'excluent pas des actions purement vitales. Espérons que désormais les physiologistes ne feront plus vanité d'ignorer les premiers éléments de la physique et de la chimie, et d'en donner de déplorables preuves dans leurs ouvrages. [...]
Encore quelques années, et la physiologie, liée intimement aux sciences physiques, ne pourra plus faire un pas sans leur secours ; elle acquerra la rigueur de leur méthode, la précision de leur langage, et la certitude de leurs résultats ; en s'élevant ainsi, elle se trouvera hors de la portée de cette foule ignorante qui sans cesse blâmant sans jamais apprendre, est toujours présente en force quand il faut s'opposer aux propos de la science.
La médecine qui n'est que la *physiologie de l'homme malade*, ne tardera pas à suivre la même direction, à atteindre la même hauteur ; nous verrons ainsi disparaître tous ces ignobles systèmes qui la défigurent depuis si longtemps[4].

---

4. F. Magendie, *Précis élémentaire de physiologie*, préface à la deuxième édition de 1825.

Dans la préface à la première édition, Magendie avait, en quelque sorte, anticipé la « loi des trois états » du comte de Saint-Simon et d'Auguste Comte (voir p. 175). Il y distinguait en effet trois grandes étapes dans l'évolution des sciences de la nature. La première était l'étape « fabuleuse » où dominaient les mythes. La seconde étape était dite « systématique » (Auguste Comte la qualifiera de « métaphysique ») et la troisième était l'étape « théorique » (qu'Auguste Comte qualifiera de « scientifique »). Dans l'étape « systématique », selon Magendie, les auteurs s'efforcent de rattacher tous les faits observés à des principes posés *a priori* : c'est, en biologie, la démarche mécaniste ou vitaliste. Dans l'étape « théorique » ou « scientifique », les faits d'observation ou d'expérimentation sont toujours au départ du raisonnement scientifique ; les théories se bâtissent sur les faits et n'ont qu'une valeur transitoire ; de nouveaux faits, acquis par des expériences ou des observations inédites, provoquent l'apparition de nouvelles théories. C'est la démarche suivie, depuis la Renaissance, par les créateurs de la physique moderne : Galilée, Descartes, Newton ou Lavoisier. Malheureusement, déplorait Magendie dans sa préface, la physiologie de son époque en était restée au stade « systématique » puisqu'elle était encore dominée par le vitalisme.

> Chaque science naturelle, écrit-il, peut exister sous deux formes différentes : 1°) la systématique ; 2°) la théorique.
> Sous la forme systématique, la science a pour fondement quelques suppositions gratuites, quelques principes établis *a priori*, auxquels on rattache les faits connus, de manière à les expliquer. Un nouveau phénomène est-il découvert ? S'il ne s'accorde avec le principe fondamental, on modifie celui-ci jusqu'à ce qu'il fournisse une explication qui plaise : si les savants se livrent à des travaux d'expérience, c'est toujours avec l'intention de confirmer le système adopté ; tout ce qui pourrait tendre à le renverser est négligé, ou n'est pas aperçu ; on cherche ce qui doit être et non ce qui est. […]
> La forme théorique que peuvent présenter les sciences naturelles est entièrement opposée à celle dont nous venons de parler. Sous cette forme, les faits, les faits seuls, servent de fondement à la science ; les savants s'attachent à les bien constater, à les multiplier autant que possible ; ensuite ils étudient les rapports

que les phénomènes ont entre eux et les lois auxquelles ils sont assujettis. Quand on se livre à des recherches expérimentales, c'est pour augmenter la somme des faits connus, ou pour découvrir leur liaison réciproque ; en un mot on suit la marche analytique, la seule qui conduise directement au vrai. En suivant cette méthode, les sciences s'accroissent, sinon rapidement, du moins sûrement, et l'on peut espérer de les voir approcher de la perfection. [...]
Il est triste, mais en même temps nécessaire de dire, qu'au milieu de ce mouvement général des sciences, la physiologie, cette branche si importante des connaissances humaines, a conservé jusqu'ici sa forme systématique. [...]
On trouvera donc avant tout dans ce livre, des faits dont j'ai, autant qu'il m'a été possible, constaté directement la réalité, soit par l'observation sur l'homme sain ou malade, soit par des expériences sur les animaux vivants. Parmi ces faits, on en verra un certain nombre de nouveaux[5].

Magendie se proposait donc de faire abstraction de tout raisonnement *a priori*, de se livrer à l'expérience en espérant que la répétition (plusieurs fois) de la même expérimentation donnerait par induction simple la clé du problème physiologique envisagé. Pas de raisonnement préalable, c'est-à-dire pas d'hypothèse de départ correspondant à une interprétation *a priori* par l'esprit du chercheur de la solution envisagée. Cette position de principe est bien sûr exagérée ; un expérimentateur « monte » toujours une expérience pour voir quelle réponse lui apportera la nature à la question qu'il s'est posée ; cette question même n'échappe pas au système de pensée qui domine l'esprit du chercheur. Mais Magendie savait bien qu'à son époque le recours à l'expérience n'était pas systématique et que l'exposé des lois physiologiques s'inscrivait souvent, dans les traités, dans le seul cadre des théories dominantes, tout particulièrement dans le cadre des théories « vitales ».

Pour terminer la présentation de cet ouvrage d'enseignement écrit par Magendie dans un esprit totalement nouveau par rapport aux traités existant antérieurement, il nous reste à donner sous forme

5. F. Magendie, *Précis élémentaire de physiologie*, préface à la première édition de 1816.

abrégée la table des matières des deux volumes ; on verra quelle place importante Magendie réserve aux observations et aux faits dans l'ouvrage ; on verra aussi qu'aucune théorie générale, aucun système, ne font désormais l'objet du moindre chapitre.

> Table des matières du tome I du *Précis élémentaire de physiologie*
> Définition de la physiologie. Notions préliminaires (corps bruts, corps vivants, éléments qui entrent dans la composition des animaux) ; des fonctions de relation ; de la vision ; audition ; odorat ; goût ; du toucher ; des sensations internes ; des nerfs ; plaisir et douleur ; les idées viennent plus particulièrement des sensations externes ; des fonctions du cerveau ; de l'intelligence ; de la mémoire ; de la volonté ; de l'instinct ; des passions ; de la voix et des mouvements ; des attitudes et des mouvements ; de la marche ; de la course ; gestes natifs et gestes sociaux ; influence du cerveau et de la moelle épinière sur la production des mouvements.

> Table des matières du tome II
> Des fonctions nutritives ; de la digestion ; de l'absorption et du cours du chyle ; cours du sang veineux ; de la respiration ; transformation du sang veineux en sang artériel ; cours du sang artériel ; remarques sur les mouvements du cœur ; nature du sang dans les différentes parties du cercle qu'il parcourt ; des secrétions ; de la nutrition ; de la chaleur animale ; de la génération ; du sommeil ; de la mort.

Le traité de Magendie connut un grand succès avec une quatrième édition en 1836, et Claude Bernard déclara lors de sa leçon inaugurale au Collège de France :

> Il y a quarante ans que la première édition de cette *Physiologie* a été publiée. Cet ouvrage ne ressemblait alors à aucun des Traités publiés à la même époque ; mais tous ceux qui sont publiés aujourd'hui lui ressemblent quant à l'esprit et à la méthode[6].

---

6. C. Bernard, *Fr. Magendie. Leçon d'ouverture du cours de médecine au Collège de France*, Paris, Baillère, 1856.

III. NOUVELLES RECHERCHES DE MAGENDIE AU DÉBUT DU XIXe SIÈCLE

Dès 1813, François Magendie avait repris ses recherches scientifiques et il présenta plusieurs notes au jugement des Commissions de l'Institut de France :

– *De l'influence de l'émétique sur l'homme et les animaux*, Mémoire lu le 22 mars 1813, suivi du rapport de MM. Cuvier, de Humboldt, Pinel et Percy.
– *Mémoire sur l'œsophage*, Paris, 1813.
– *Mémoire sur la déglutition de l'air atmosphérique*, Paris, 1816, suivi du rapport de MM. Hallé et Pinel.
– *Mémoire sur les propriétés nutritives des substances qui ne contiennent pas d'azote*, Paris, 1816, suivi du rapport de MM. Thénard et Hallé.

Rappelons à propos de cette publication que s'ouvrit en France, en 1834, un grand débat sur la possibilité de nourrir les patients des hôpitaux avec une seule matière azotée : la gélatine des os. Les désaccords entre médecins sur les résultats observés poussèrent l'Académie des sciences à constituer une « commission de la gélatine » dont Magendie fit partie (voir p. 52).

– *Mémoire sur l'action des artères dans la circulation*, Paris 1817.
– *Recherches physiologiques et médicales sur les causes et le traitement de la gravelle ; avec quelques remarques sur la conduite et le régime que doivent suivre les personnes auxquelles on a extrait des calculs de la vessie*, Paris, 1818.
– *Recherches physiologiques et chimiques sur l'emploi de l'acide prussique ou hydrocyanique dans le traitement des maladies de la poitrine, et particulièrement dans celui de la phtisie pulmonaire*, lu à l'Académie des sciences le 17 novembre 1817, publié en 1819.

En 1816, la mort de Jacques Tenon (1724-1816), ancien chirurgien à La Salpêtrière, créa une vacance à l'Académie des sciences. François Magendie se présenta : c'est Auguste Henri Duménil (1774-1860), professeur à la faculté de médecine, qui fut élu. La chaire d'anatomie et de physiologie de la faculté de médecine de Paris fut déclarée vacante en novembre 1818 : François Magendie s'y présenta en même temps que Pierre Béclard, Augustin Roux et Jules Choquet. C'est Pierre Béclard (1785-1820), chirurgien à l'hôpital de la Pitié et professeur à l'École de médecine, qui fut nommé.

Magendie recherchait depuis quelque temps la direction d'un service hospitalier. Le 15 juillet 1818, il fut proposé par un jury de concours et le 7 août suivant, un arrêté ministériel approuva sa nomination comme médecin-stagiaire. Il fut titularisé médecin des hôpitaux de Paris le 12 juillet 1826, et obtint un poste de médecin suppléant à l'hospice de La Salpêtrière. Il se proposait d'y étudier certains cas cliniques bien particuliers et il était désireux d'appliquer à ses patients les drogues qu'il commençait à expérimenter sur l'animal.

V

L'engagement scientifique : la physiologie expérimentale

À l'époque de Magendie, l'empirisme et la tradition (remontant parfois aux temps d'Hippocrate et de Galien) présidaient toujours au choix, à la préparation et à l'administration des médicaments. La chimie organique analytique et préparative était encore dans l'enfance au début du XIXe siècle [1] et c'était là un obstacle aux progrès de la thérapeutique que Magendie soulignait lui-même en ces termes :

> Parmi les causes qui ont retardé le progrès de la matière médicale, il a fallu compter sur l'impossibilité où l'on était d'isoler, par l'analyse chimique, les divers composants des médicaments mais bien plus, même si cette analyse avait été possible, sur la croyance que les médicaments agissent tout autrement sur l'homme et sur les animaux.
> Rien n'est plus faux ; vingt ans d'expériences de tout genre, soit dans mon laboratoire, soit au lit du malade, me permettent d'affirmer que la manière d'agir des médicaments et des poisons est la même sur l'homme et sur les animaux [2].

1. Voir P. Mazliak, *Parmentier, Chaptal, Chevreul. Trois grands pionniers de la chimie alimentaire*, Paris, Vuibert/Adapt, 2011.
2. F. Magendie, *Préface au Formulaire pour la préparation et l'emploi de nouveaux médicaments*, Paris, Méquignon-Marvis, 1821.

Un des plus ardents opposants aux drogues chimiques fut Guy Patin (1601-1672), médecin de Louis XIV et professeur au Collège de France, qui condamnait en bloc « la chimie arabesque » (c'est-à-dire les médicaments consignés dans les traités de médecine arabes, tels le *Canon de la médecine* d'Avicenne).

> La chimie, écrivait-il, n'est nullement nécessaire en médecine, et il faut avouer qu'elle y a fait bien plus de mal que de bien, ou que sous ombre d'éprouver des médicaments métalliques, naturellement virulents et pernicieux, avec leurs nouvelles préparations, la plupart des malades ont été tués. L'antimoine seul en a plus tué que n'a fait le roi de Suède en Allemagne. [...] La chimie est la fausse monnaie de notre métier[3].

Dans une sorte de transport extatique, Guy Patin cite ce vers de Joachim du Bellay : « Ô bonne ! Ô sainte ! Ô divine saignée ! »

Quant aux purgatifs, s'il en fait grand cas, il n'a recours qu'aux plus simples comme le sirop de roses pâles, les préparations de rhubarbe, etc. On a vu son antipathie pour l'antimoine, sa véritable haine contre ceux qui s'en servaient. Tout médicament un peu composé lui était suspect et il englobait dans ces « médicaments composés » les eaux minérales, dont il se moquait souvent. Il repoussa, de manière totalement injustifiée, l'emploi de l'opium et du quinquina, traitements contre la douleur ou les fièvres qui commençaient à se répandre au XVIIe siècle. Les médecins mis en scène par Molière dans ses comédies tiennent tout à fait le même langage rétrograde que Guy Patin.

L'antimoine avait été condamné comme poison par deux décrets solennels de la faculté de médecine de Paris, tous deux confirmés par le Parlement, selon deux arrêtés parus, l'un en 1566 et l'autre en 1615. Guy Patin ironisait, à propos des médecins prescrivant de nouveaux médicaments : « Pour favoriser les apothicaires, ils disent

3. G. Patin, *Lettres*, 3 volumes, tome III, Nouvelle édition, Paris, J Reveillé-Parise, 1846, p. 47.

du bien d'une drogue dont eux-mêmes n'oseraient goûter.[4] » Et il exposait ainsi la philosophie de sa thérapeutique :

> Gardez-vous bien de devenir empirique ; raisonnez toujours et ne vous servez de l'expérience que comme servante de la raison et de la science que vous vous êtes acquise. [...] Hippocrate n'a rien dit de plus vrai que *Experimentum fallax*. Un médecin qui ne raisonne point, n'est point un médecin, il n'est qu'un charlatan. Il faut saigner, purger, ventouser, donner du vin ou l'ôter à un malade par raison[5].

Guy Patin faisait encore autorité en 1800, et beaucoup de médecins suivaient ses recommandations, faisaient souvent pratiquer des saignées, appliquaient des sangsues (voir p. 7). Magendie se désolidarisa bien vite de ses collègues médecins, à l'hôpital, qui limitaient leurs traitements aux saignées, aux cataplasmes ou aux purgatifs. Il était résolument partisan des médicaments nouvellement préparés par les chimistes.

I. MAGENDIE, CRÉATEUR DE LA PHARMACOLOGIE

Dès 1809, Magendie avait présenté à l'Académie des sciences, en collaboration avec le botaniste et médecin André Raffeneau-Delille, une série d'investigations menées sur l'animal, pour observer l'effet toxique de différentes drogues d'origine végétale sur la moelle épinière[6]. Les drogues choisies étaient celles-là même qui avaient été sélectionnées depuis fort longtemps par les habitants de Java pour enduire la pointe de leurs flèches, de façon à paralyser ou tuer leur gibier ou leurs ennemis.

4. *Ibid.*, p. 608.
5. G. Patin, *Lettres*, tome II, p. 410.
6. F. Magendie et A. Raffeneau-Delille, « Examen de l'action de quelques végétaux sur la moelle épinière », *Comptes rendus de l'Académie des sciences*, Paris, 1809 et *Bulletin de la Société de philomathique*, 1, 1809, p. 368-405.

Lors de l'expédition du capitaine Baudin à Java, en 1803, un de ses collaborateurs tomba malade, à cause du poison enduisant le bout d'une flèche qui l'avait touché. Ce poison était extrait d'une plante (*Upas tiente*) que Magendie se procura. Plusieurs extractions à l'eau bouillante lui permirent d'isoler une substance pâteuse contenant le poison. Une piqûre de cette substance faite à une poule la tuait en moins de deux minutes. L'upas contenait de la strychnine. Ce poison fut effectivement isolé chimiquement de la noix vomique (*Strychnos nux vomica*), en 1818, par les pharmaciens Pierre Joseph Pelletier (1788-1842) et Joseph Bienaimé Caventou (1795-1877). En 1817, en collaboration avec Pelletier, Magendie réussit à isoler l'émétine, principe actif de l'ipéca (*Carapichea ipecanhua*), une plante dont les extraits étaient utilisés comme vomitifs. Dès que la strychnine fut isolée, Magendie montra que les deux poisons (la strychnine et l'émétine) avaient la même action paralysante sur l'organisme, produisant des convulsions puis la tétanie générale des muscles. En sectionnant le haut de la moelle épinière des animaux soumis aux expérimentations (six chiens, un cheval et trois lapins), Magendie montra que l'effet des poisons se maintenait totalement ; le cerveau n'était donc pas impliqué dans l'effet de ces drogues. En revanche, l'élimination de la moelle épinière faisait disparaître les convulsions et la tétanie des muscles. Magendie en conclut que ces substances devaient agir principalement sur la moelle épinière en atteignant celle-ci par la voie sanguine.

L'apparition des symptômes était indépendante de la façon dont le poison était fourni à l'organisme : absorption par la bouche, injections intra-veineuse ou sous-cutanée ; seule variait la rapidité d'apparition des spasmes. Magendie formula alors la « loi de l'action localisée des poisons » : une substance toxique ou médicamenteuse agit seulement en fonction de son contact direct avec l'organe sensible « effecteur », c'est-à-dire provoquant l'apparition des symptômes liés à l'absorption de la drogue.

D'autres expériences permirent à Pelletier et Caventou d'isoler d'autres alcaloïdes végétaux actifs : la brucine (1819) apparentée à la strychnine, la caféine et la colchicine (1820), la quinine extraite des écorces de quinquina, une plante du Pérou (1820). Strychnine et caféine sont utilisées aujourd'hui, à très faibles doses, comme stimulants du système nerveux ; la colchicine est un bloquant des divisions cellulaires ; la quinine est un antipyrétique (faisant tomber la fièvre) très utilisé pour lutter contre le paludisme. Ces découvertes successives et d'autres : l'iode par Bernard Courtois (1811), le brome par Antoine Jérôme Balard (1825) notamment, témoignent des grands progrès réalisés par la chimie à cette époque, progrès qui apportèrent à la pharmacologie la possibilité d'une intense activité expérimentale.

Magendie poursuivit dans deux directions ses premières recherches en pharmacologie[7] :

1. Il étudia les mécanismes d'absorption par l'organisme des substances étrangères. Une première théorie, élaborée par les physiologistes John Hunter (1728-1793) ou Xavier Bichat, postulait que toute substance étrangère fournie à l'organisme était absorbée par les vaisseaux lymphatiques. Une seconde théorie, remontant à Albrecht von Haller, affirmait que toute absorption dans l'organisme se faisait par les veines. Magendie démontra que les deux voies, lymphatique et veineuse (figure 6), étaient mises à contribution en injectant une substance toxique dans un membre qui n'était rattaché au corps d'un animal que par un vaisseau sanguin ou même par un simple tuyau. Le mécanisme de l'absorption était réglé par le passage des substances à travers les parois des vaisseaux selon les lois physico-chimiques de l'osmose[8], une question qu'il reprendra plus tard en grand détail dans ses *Leçons au Collège de France.*

---

7. F. Magendie et P.-J. Pelletier, « Mémoire sur l'émétine et trois espèces d'ipecacuanha », *Journal général de médecine, chirurgie et pharmacie*, 59, 1817, p. 223-231 ; F. Magendie, « Recherches chimiques et physiologiques sur l'ipecacuanha », *Annales de chimie et de physique*, 4, 1817, p. 172-185.

8. F. Magendie, « Mémoire sur les mécanismes de l'absorption chez les animaux à sang rouge et chaud », *Journal de physiologie expérimentale et de pathologie*, 1, 1821, p. 1-17, p. 18-31.

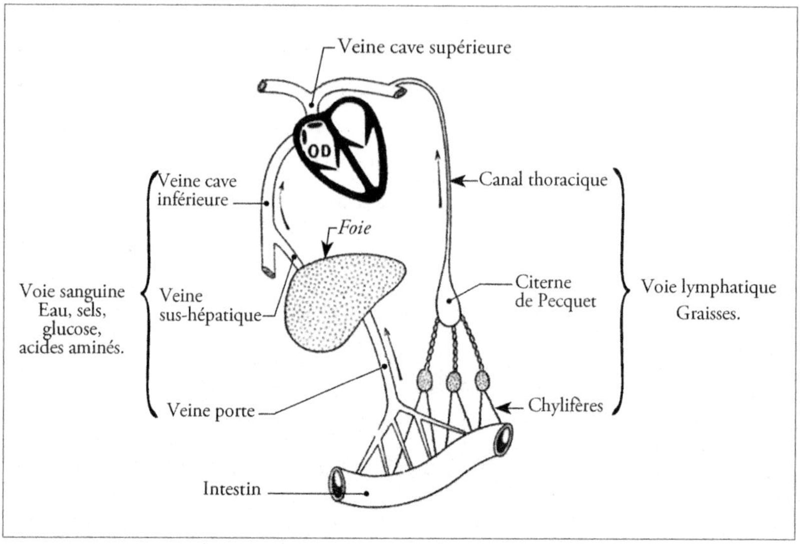

Figure 6. Les deux voies de l'absorption intestinale : voie sanguine et voie lymphatique.

2. Magendie continua systématiquement, pendant plus de quinze ans, l'inventaire des drogues agissant sur l'organisme animal ce qui se traduisit, en 1821, par la publication de la première édition d'un *Formulaire pour la préparation et l'emploi de nouveaux médicaments tels que la morphine, la codéine, l'acide prussique, la strychnine, la vératrine, etc.* [9] (figure 7). Ce *Formulaire* connut sept éditions.

9. F. Magendie, *Formulaire pour la préparation et l'emploi de nouveaux médicaments*, 1re édition, Paris, Méquignon-Marvis, 1821 ; 7e édition, Paris, Méquignon-Marvis, 1829.

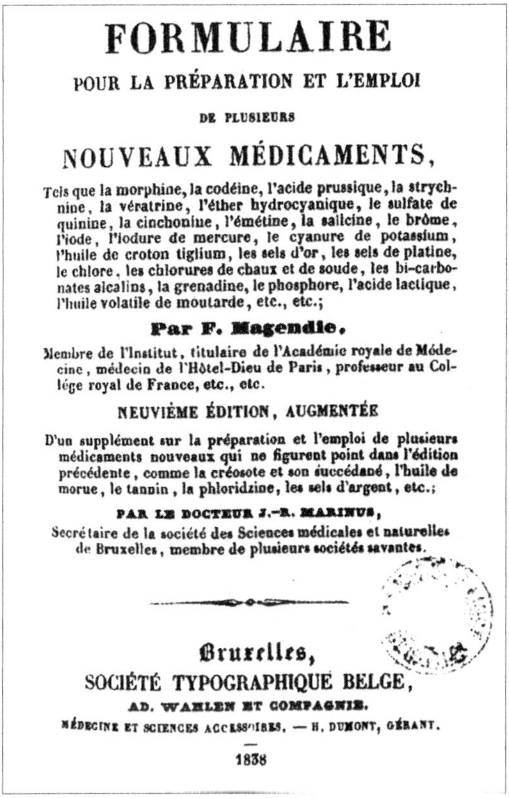

FORMULAIRE

POUR LA PRÉPARATION ET L'EMPLOI

DE PLUSIEURS

NOUVEAUX MÉDICAMENTS,

Tels que la morphine, la codéine, l'acide prussique, la strychnine, la vératrine, l'éther hydrocyanique, le sulfate de quinine, la cinchonine, l'émétine, la salicine, le brôme, l'iode, l'iodure de mercure, le cyanure de potassium, l'huile de croton tiglium, les sels d'or, les sels de platine, le chlore, les chlorures de chaux et de soude, les bi-carbonates alcalins, la grenadine, le phosphore, l'acide lactique, l'huile volatile de moutarde, etc., etc.;

Par F. Magendie,

Membre de l'Institut, titulaire de l'Académie royale de Médecine, médecin de l'Hôtel-Dieu de Paris, professeur au Collége royal de France, etc., etc.

NEUVIÈME ÉDITION, AUGMENTÉE

D'un supplément sur la préparation et l'emploi de plusieurs médicaments nouveaux qui ne figurent point dans l'édition précédente, comme la créosote et son succédané, l'huile de morue, le tannin, la phloridzine, les sels d'argent, etc.;

PAR LE DOCTEUR J.-R. MARINUS,

Secrétaire de la société des Sciences médicales et naturelles de Bruxelles, membre de plusieurs sociétés savantes.

Bruxelles,

SOCIÉTÉ TYPOGRAPHIQUE BELGE,

AD. WAHLEN ET COMPAGNIE.

MÉDECINE ET SCIENCES ACCESSOIRES. — H. DUMONT, GÉRANT.

1838

Figure 7. Page de titre de l'édition belge du *Formulaire pour la préparation et l'emploi de plusieurs médicaments* de François Magendie.

Dans les services hospitaliers où il exerçait, Magendie se montra un adversaire résolu des saignées. Il se limitait d'une part aux tisanes, aux cataplasmes, aux emplâtres de moutarde, à la diète quelquefois ; d'autre part il recommandait l'emploi de quelques-uns des médicaments qu'il avait lui-même isolés ou étudiés : la morphine, la quinine, les vomitifs (émétine, sulfate de magnésium, extrait de noix vomique, etc.).

II. MAGENDIE : L'EXPÉRIMENTATION SUR L'ANIMAL ET LA VIVISECTION

Il faut faire des expériences sur l'homme ou sur les animaux. Or, je trouve que les médecins font déjà trop d'expériences dangereuses sur les hommes avant de les avoir étudiées soigneusement sur les animaux [10].

Le XIXe siècle a ouvert des voies nouvelles à la physiologie qui, de science d'observation, est devenue une science expérimentale. Cette orientation nouvelle lui a été donnée par Magendie qui a reconnu à l'expérimentation sur l'animal et à la vivisection leur caractère spécifique en tant que moyen d'investigation physiologique (figure 8). Ces pratiques nouvelles permettaient d'aller directement aux faits, sans passer par les systèmes spéculatifs hérités du passé.

Figure 8. Dissection d'un chien (tableau d'Édouard Émile Mouchy, 1832).

---

10. C. Bernard, *Introduction à l'étude de la médecine expérimentale*, Paris, Flammarion, 1984, p. 153.

> Chacun, disait Magendie à Claude Bernard, se compare dans sa sphère à quelque chose de plus ou moins grandiose, à Archimède, à Michel-Ange, à Newton, à Galilée, à Descartes, etc. Louis XIV se comparait au soleil. Quant à moi, je suis beaucoup plus humble, je me compare à un chiffonnier : avec mon crochet à la main et ma hotte sur le dos, je parcours le domaine de la science, et je ramasse ce que je trouve [11].

Galien est le vrai promoteur, au IIe siècle de notre ère, de la vivisection systématique en physiologie. Son *De anatomicis administationibus* [12] est un véritable traité de vivisection où sont minutieusement décrits les procédés opératoires et les instruments requis. La méthode, jugée trop cruelle, fut ensuite bannie en Occident jusqu'à la Renaissance, période où les grands anatomistes (Vésale, Colombo, Fallope) firent occasionnellement quelques vivisections.

Le XVIIe siècle renoue avec la tradition de Galien parce que la physiologie, au temps de Descartes, est devenue une « anatomie animée » ; de grandes découvertes datent de cette époque : les vaisseaux chylifères par Aselli (1622), le système complet des veines et des artères et la circulation du sang par Harvey (1628), le canal thoracique pour la circulation du chyle par Pecquet (1647), le système lymphatique par Rudbeck (1651), les capillaires sanguins par Malpighi (1661) qui fut le premier à joindre l'observation microscopique à l'observation sur un animal vivant (la grenouille en l'occurrence). Le XVIIIe siècle introduisit aussi des techniques nouvelles pour élargir les possibilités de la vivisection : les injections intraveineuses préconisées par Wren (1663), les tubes de transfusion sanguine utilisés par Perrault (1667), les insufflations d'air (à l'aide d'un soufflet) employées par les expérimentateurs de l'Academia del Cimiento en Italie ou par ceux de la Royal Society de Londres, tous ces procédés nouveaux facilitaient les démonstrations apportées par les vivisections. Le but

11. C. Bernard, *Fr. Magendie. Leçon d'ouverture du cours de médecine au Collège de France, op. cit.*

12. C. Galien, *Œuvres anatomiques, physiologiques et médicales*, 3 volumes, Paris, Baillère, 1856.

de la vivisection, au XVIIIe siècle, était de reconnaître, sur le vivant, les fonctions des organes dont les dissections préalables, sur cadavres, avaient identifié la position et la structure. « Il faut étudier la vie sur la vie-même [13] », dira plus tard Claude Bernard.

Dès la fondation de l'Académie royale des sciences, en 1667, le chirurgien Claude Perrault (1613-1688) fixait le but des vivisections alors en vogue : « À chaque organe, trouver sa fonction, pour chaque fonction, trouver l'organe. [14] »

Cette conception de la physiologie comme « anatomie animée » se prolonge jusqu'au XIXe siècle et trouve sa traduction dans l'existence, dans les facultés de médecine, de chaires communes à l'anatomie et à la physiologie. Nous avons signalé précédemment (voir p. 67) que Magendie avait présenté sa candidature, en 1818, à la chaire d'anatomie et de physiologie de la faculté de médecine de Paris, et qu'il fut battu au concours par Béclard.

La corrélation stricte entre structure et fonction perd sa rigidité avec Magendie qui s'attache à l'étude des fonctions indépendamment des structures anatomiques sous-jacentes. Dans sa critique générale de l'œuvre de Bichat, il affirme que l'étude des fonctions doit remplacer celle des « propriétés vitales ». Or une fonction donnée est presque toujours la résultante de l'action de plusieurs organes ; un organe seul ne l'explique pas. Par exemple, la formation de l'image visuelle nécessite la participation conjuguée de l'œil, du nerf optique et du cerveau ; l'altération d'un seul des composants de ce système arrête la formation de l'image [15]. Il en est de même pour la contraction musculaire, la digestion ou pour toute autre fonction. « Une fonction est le but commun d'un certain nombre d'organes. [16] »

13. Cité par J. Schiller, *Claude Bernard et les problèmes scientifiques de son temps,* Paris, Éditions du Cèdre, 1967, p. 21.

14. C. Perrault, « Projet pour les expériences et observations anatomiques », *Registres manuscrits de l'Académie royale des sciences,* 15 janvier 1667.

15. F. Magendie, « Mémoire sur un moyen très simple d'apercevoir les images qui se forment au fond de l'œil », *Mémoires de l'Institut de France,* 1813, p. 164-165.

16. F. Magendie, « Quelques idées générales sur les phénomènes particuliers aux êtres vivants », *Bulletin des Sciences médicales,* 4, 1809, p. 145-170.

Claude Bernard tirera la conclusion logique de ces conceptions nouvelles : les résections d'organes n'empêchent pas généralement les fonctions de perdurer dans un organisme opéré. Ont ainsi été pratiquées, avec survie des animaux (des chiens le plus souvent), des résections de rate, de vésicule biliaire, de cæcum, de segments d'intestin, de rein ou même de portion de foie... À cause de Magendie, la physiologie est dès lors devenue tributaire de l'expérimentation, synonyme dans l'esprit du jeune savant de vivisection. La grande bénéficiaire de cette approche expérimentale fut la physiologie du système nerveux et nombre de découvertes dans ce domaine sont dues aux expériences de Magendie qui pratiquait avec adresse la résection des nerfs sur un animal vivant.

La notion de vivisection fut élargie à celle de « vivisection sans mutilation », par l'emploi de poisons, puisque Magendie avait montré l'affinité élective de la toxine de l'upas et de la strychnine sur la moelle épinière. Claude Bernard reprendra cette technique avec la fourniture de curare ou d'oxyde de carbone aux animaux. « Cette action des poisons, écrira-t-il, nous permet donc de réaliser en quelque sorte des vivisections d'une délicatesse infinie. [17] »

La pratique de la vivisection ou l'expérimentation sur animal vivant rencontrèrent [18] de farouches adversaires, en France et en Angleterre. Georges Cuvier (1769-1832), grand anatomiste, et Frantz Joseph Gall (1776-1832), spécialiste de la physiologie du cerveau et fondateur de la « phrénologie » (prétendant déduire les fonctions cérébrales des bosses de la boîte crânienne), furent des adversaires résolus de la vivisection « pour éviter toute souffrance aux animaux de laboratoire ». Auguste Comte (1778-1857) nia, dans son *Cours de philosophie positive* (1830-1842), toute valeur scientifique à la vivisection : l'opération pratiquée sur l'animal vivant provoquait, selon le philosophe, un tel état de choc, que toute conclusion physiologique tirée dans ces conditions n'avait aucune valeur. Magendie était ainsi accusé par ses adversaires de faire souffrir inutilement des animaux,

17. C. Bernard, *Physiologie opératoire*, Paris, Baillère, 1879, p. 90.
18. Et rencontrent encore aujourd'hui.

d'avoir recommandé la vivisection animale comme méthode d'enseignement à l'usage des jeunes apprentis-chirurgiens, et même (sans doute à tort), d'avoir pratiqué des vivisections sur l'homme.

En France, Magendie se créa ainsi, par l'emploi constant de la vivisection ou de l'expérimentation sur l'animal pour ses premières recherches, une réputation (quelque peu « sulfureuse ») d'empiriste, de « chiffonnier » ramasseur de faits surgis au hasard de ses expériences. Ce point mérite quelques éclaircissements.

La présentation, par Magendie, de la grande découverte de Newton, la loi de gravitation universelle, est caractéristique de sa façon de penser. Pour tous ses contemporains, Newton a découvert une « loi universelle : la loi de gravitation, affectant les relations entre toutes les masses de l'univers ». Pour Magendie, Newton a découvert que les corps s'attirent en raison directe de leurs masses et en raison inverse du carré de leurs distances. Ainsi, si l'avenir devait montrer que le concept abstrait de « gravitation » ne suffisait pas à expliquer le phénomène, les faits garderaient néanmoins leur valeur inaltérée. Présenté de la sorte, le raisonnement s'applique à la physiologie. Dans le cas d'une démonstration expérimentale sur l'animal d'un fait physiologique, voici comment Magendie s'exprime :

> Dès lors je deviens, pour ainsi dire, maître d'un phénomène qui, jusque-là, avait été pour moi un mystère impénétrable. Pouvant m'opposer à son développement, le produire, le rendre prompt, tardif, intense, faible, il était difficile que sa nature échappât entièrement à mon investigation [19].

En Angleterre, Magendie s'était acquis une réputation de « vivisectionniste » cruel et avide de gloire. Sir Charles Bell (1774-1842), anatomiste et chirurgien, avec qui Magendie aura un sérieux conflit scientifique (voir chapitre VI) était désireux d'établir la physiologie comme discipline scientifique autonome dans l'enseignement médical anglais. Il était cependant très réticent sur l'usage de la vivisection

---

19. F. Magendie, « Mémoire sur le mécanisme de l'absorption chez les animaux à sang rouge et chaud », *op. cit.*

pour établir les lois de la nouvelle discipline. L' « antivivisectionnisme » était alors très répandu dans les milieux scientifiques des îles britanniques à l'époque victorienne et Charles Bell partageait les réserves morales des adversaires de la vivisection. En 1832, le Parlement anglais vota une loi (« Martin's Act ») contre toute cruauté exercée à l'encontre des animaux. D'ailleurs Charles Bell considérait, comme d'autres savants en France, que la vivisection pouvait conduire l'expérimentateur à de fausses conclusions, à cause du stress et du choc opératoire subis par les animaux en expérience. Il n'admettait l'expérimentation sur l'animal que dans les limites étroites exigées pour la confirmation des faits démontrés par les dissections anatomiques sur cadavres.

Cette position très restrictive de Charles Bell reposait sur ses convictions religieuses : il était entièrement acquis à la « théologie naturelle » propagée par l'église anglicane, à laquelle se heurta Darwin lors de la parution de *L'origine des espèces*, en 1859. Selon cette philosophie, le Créateur avait créé tous les êtres vivants, en parfaite adaptation à leur milieu, et tous leurs organes étaient en parfaite corrélation, par leur structure anatomique, avec les fonctions qui leur étaient dévolues. Bell, en Angleterre, comme Cuvier en France, considérait donc que le but de la science était d'illustrer et d'enrichir, par des études détaillées, cette théologie naturelle. En revanche, Magendie, agnostique et républicain, d'esprit très indépendant, frondeur dans l'âme, ne partageait nullement les convictions philosophiques de ses collègues anatomistes ou physiologistes. Il recherchait des faits pour établir sur des bases solides la physiologie naissante et la vivisection lui paraissait indispensable pour trouver ces faits en grand nombre.

À la fin du XIXe siècle, après la mort de Magendie, l'opposition à la vivisection alla grandissant en Angleterre et en France (en dépit des efforts de Claude Bernard pour justifier l'utilité de cette méthode scientifique). La *Société protectrice des animaux* de Londres niait l'utilité des expérimentations sur l'animal et intenta procès, en 1862, à l'École vétérinaire de Maisons-Alfort, près de Paris, où l'on pratiquait ce genre d'expériences dans les laboratoires. Napoléon III dut nommer une commission d'enquête (dont Claude Bernard fit partie) pour examiner la question ; la commission conclut finalement à l'utilité des expériences. Cependant, en 1882, une *Société française contre la vivisection* fut créée à Paris, sous la présidence d'honneur de Victor Hugo. Cette hostilité de principe à l'expérimentation sur les animaux ne s'est pas éteinte aujourd'hui. Tout au long du XXe siècle et au début du XXIe siècle, les manifestations hostiles à la vivisection se sont multipliées et quelquefois ces manifestations furent violentes. On pourra lire aussi, dans le beau livre d'Élizabeth de Fontenay intitulé *Le silence des bêtes*[20], cette protestation véhémente :

> Si l'on veut bien se souvenir que l'expérimentation animale s'effectuait toujours sans anesthésie avant la découverte du chloroforme, et que, [...] Harvey entendait démontrer les rôles respectifs du mâle et de la femelle dans la génération en immolant, pendant la saison des amours, des milliers de biches pleines capturées dans le parc de Charles Ier, on ne sait que penser de cet éloquent et obscur médecin qui a fait, en le sachant et en le disant, ce qu'il croyait devoir faire. (p. 553)

La brillante et fougueuse philosophe se laisse ici emporter par son indignation et son amour des bêtes : Harvey n'est pas un « obscur médecin » mais le découvreur de la circulation du sang (une très grande découverte physiologique), et par ses vivisections il participait au grand débat sur la « génération » qui traverse tout le XVIIIe siècle : c'était un partisan convaincu de l'épigenèse (c'est-à-dire du développement progressif de l'embryon après la formation de l'œuf) et il recherchait des faits expérimentaux à opposer aux tenants de l'ovisme (postulant un emboîtement à l'infini d'embryons de plus en plus minuscules dans l'œuf résultant de la fécondation).

S'indignant encore plus de la défense de la vivisection, présentée par Claude Bernard, dans l'*Introduction à l'étude de la médecine expérimentale*, Élisabeth de Fontenay écrit ces lignes terribles :

---

20. É. de Fontenay, *Le Silence des bêtes. La philosophie à l'épreuve de l'animalité*, Paris, Fayard, 1998.

> [La science] légitime l'obsession du scientifique, sa surdité aux cris et sa cécité au sang : comme si l'état de biologiste consistait en une anesthésie hystérique, endurée et instituée par quelques-uns pour le plus grand bien de tous. (p. 554)

Notons pour terminer que les controverses sur ce sujet sont loin d'être éteintes de nos jours. Dans la plupart des États de la Communauté européenne cependant, des réglementations législatives encadrent très strictement l'expérimentation sur l'animal ; en particulier, l'anesthésie des animaux est obligatoire chaque fois que cette pratique ne nuit pas à l'efficacité de l'expérimentation.

VI

La controverse Bell-Magendie

> M. Magendie est le premier qui, ayant ouvert le canal rachidien pendant la vie, coupa sur un *animal vivant*, les racines rachidiennes antérieures et postérieures, et donna ainsi la preuve sur le vivant, la seule valable, de la différence de fonctions des deux ordres de nerfs. Aussi, dans cette grande découverte, la postérité associera-t-elle toujours les noms de Bell et de Magendie [1].

La controverse scientifique entre deux grands médecins du XIXe siècle, Sir Charles Bell, chirurgien écossais, d'une part, et François Magendie, chirurgien français, d'autre part, fut sans doute l'une des plus longues (1811-1842) et l'une des plus célèbres discussions scientifiques de l'histoire de la médecine. Ce fut certes, d'abord, un conflit de priorité concernant une découverte : il s'agissait de savoir lequel des deux savants, de Charles Bell ou de François Magendie, démontra le premier les fonctions différentes des racines antérieures ou postérieures des nerfs rachidiens. Mais, pour nombre de contemporains, ce fut surtout un conflit de méthodes d'investigation, un débat entre deux conceptions de la physiologie : la « physiologie systématique » d'une part, et la « physiologie théorique ou expérimentale » d'autre part, deux conceptions de la discipline que Magendie avait nettement opposées dans la préface de son *Précis élémentaire de physiologie* paru en 1816 (voir p. 64).

1. C. Bernard, *Fr. Magendie. Leçon d'ouverture du Cours de médecine au Collège de France, op. cit.*

Dans la controverse Bell-Magendie, Charles Bell est bien sûr l'anatomiste et le physiologiste « systématique » ; François Magendie, en revanche, est le physiologiste « expérimental », collectant les faits fournis par la vivisection des animaux « comme le chiffonnier avec son crochet ».

I. QUELQUES RAPPELS ÉLÉMENTAIRES SUR LA STRUCTURE DU SYSTÈME NERVEUX CENTRAL

Pour bien saisir toutes les subtilités de la controverse entre les deux savants, il nous semble utile de rappeler succinctement la structure des parties du système nerveux des mammifères mises en cause dans le débat. Il faut d'abord souligner qu'au début du XIXe siècle la théorie cellulaire n'avait pas encore été formulée [2], que les neurones n'avaient pas encore été observés et que leur existence même n'était pas du tout soupçonnée.

Un neurone se compose d'un corps cellulaire (renfermant le noyau de la cellule) et de un ou deux prolongements cytoplasmiques formant les axones, sortes de longs tubes microscopiques conduisant les influx nerveux (de nature électrique) et pouvant atteindre plusieurs mètres de long chez les grands mammifères (voir figure 9). Un nerf est un faisceau d'axones, « un paquet de fibres nerveuses » disaient les physiologistes des XVIIIe et XIXe siècles.

2. L'œuvre maîtresse de Théodore Schwann (1810-1862), véritable créateur de la théorie cellulaire, fut publiée en 1839 ; il s'agit des *Recherches microscopiques sur la concordance dans la structure et dans la croissance des animaux et des végétaux*. Il n'est pas sans intérêt de signaler que le directeur de thèse du jeune Théodore Schwann fut Johannes Miller (1801-1858), professeur de physiologie à l'université de Berlin et grand admirateur de Magendie. La mise en évidence au microscope des neurones, cellules constitutives des tissus nerveux, ne fut réalisée qu'en 1888 par le cytologiste espagnol Ramon y Cajal (1852-1934) sur le système nerveux des oiseaux.

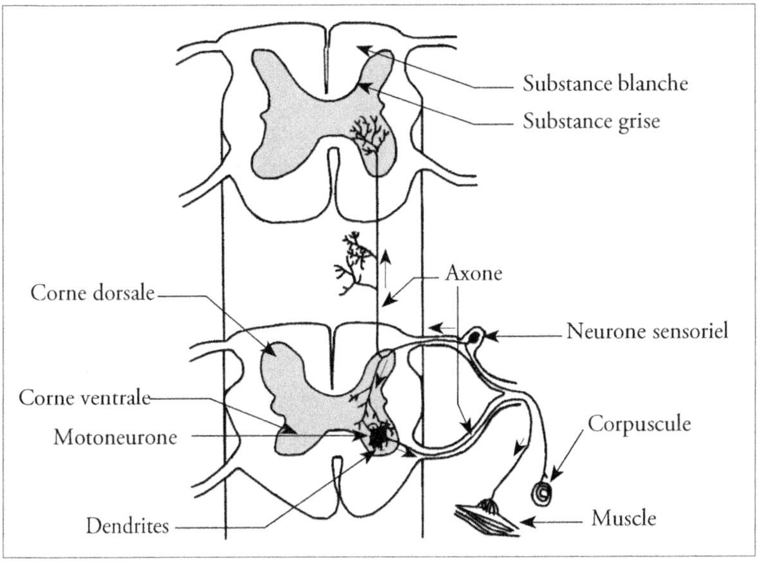

Figure 9. Coupe schématique, à deux niveaux superposés, de la moelle épinière montrant un neurone sensoriel (dans le ganglion de la racine postérieure) et un neurone moteur (dans la corne antérieure de la moelle).
Les trajets des neurones sensitifs et moteurs sont également figurés.

Xavier Bichat, dans son célèbre *Traité des membranes* de 1799, distinguait le « tissu nerveux de la vie organique » parmi les vingt et un tissus constituant l'organisme animal ; au tissu nerveux il attribuait les « propriétés vitales » caractéristiques de la vie animale : *irritabilité* aiguë et *sensibilité* très particulière. Une autre conception de l'anatomie du système nerveux peut être trouvée dans les *Éléments de physiologie du corps humain* publiés, en 1757, par le physiologiste suisse Albrecht von Haller (1708-1777). Pour ce dernier auteur, « la fibre est pour le physiologiste ce qu'est la ligne pour le géomètre, savoir ce dont naissent toutes les figures[3] ». Cette fibre irritable, visible au microscope, était donc le siège des « mouvements vitaux ».

3. A. von Haller, *Elementa physiologiae corporis humani*, 8 volumes, Lausanne, Bousquet et associés, 1757-1766.

Il faut noter que dans leurs travaux Bell et Magendie parlent tous deux de « fibres nerveuses », sans définir plus avant leurs conceptions sur la nature de ces fibres.

1. Divisions anatomiques et fonctionnelles du système nerveux central des mammifères

On a longtemps cru qu'il existait chez les mammifères deux systèmes nerveux : celui de la *vie de relation*, relié aux organes des sens, communiquant à l'organisme toutes sortes d'informations sur le milieu environnant, et celui de la *vie végétative*, régulant le fonctionnement des principaux viscères. De plus ces deux systèmes nerveux étaient considérés comme anatomiquement distincts. Or, il n'en est rien. Anatomiquement, le système nerveux de la vie de relation et celui de la vie végétative sont en très grande partie étroitement confondus.

L'ensemble formé par les deux systèmes doit être divisé en deux parties :

- le système nerveux central ou axe cérébro-spinal ;
- le système nerveux périphérique constitué par les nerfs qui relient le système nerveux central à toutes les parties de l'organisme et par les ganglions nerveux qui se trouvent en des points déterminés sur le trajet des nerfs.

Le système nerveux périphérique se compose essentiellement d'un *système afférent* amenant au système nerveux central les informations provenant des différents organes sensoriels (yeux, oreilles, corpuscules de la peau, etc.) et d'un *système efférent* transmettant aux différents organes effecteurs (muscles et glandes) les informations provenant du système nerveux central.

Dans le système afférent, les corps cellulaires des neurones sont toujours à l'extérieur du système nerveux central. Celui-ci reçoit en fait les prolongements axonaux, groupés en *nerfs sensoriels*, de cellules qui sont le plus souvent bipolaires. Les corps cellulaires de ces neurones sensoriels sont généralement regroupés dans des structures ganglionnaires (figures 9 et 12). Dans le système efférent, les corps cellulaires des neurones sont le plus souvent localisés dans le système nerveux central. Leurs prolongements axonaux, regroupés en *nerfs moteurs*, innervent les organes effecteurs avec lesquels ils sont connectés par voie synaptique.

Une synapse est une discontinuité, un espace de quelques micromètres (= milliardièmes de mètre) séparant deux neurones. En cas de propagation de l'influx nerveux électrique d'un neurone à un autre, un relais chimique s'intercale entre les deux cellules : le neurone transmettant l'influx déverse dans la synapse des neuromédiateurs (acétylcholine, sérotonine, glutamate) ; le neurone recevant l'influx capte ces neuromédiateurs sur des récepteurs membranaires et produit à son tour un influx nerveux électrique qui se propage le long de son axone. Nombre de médicaments (tels la strychnine ou l'émétine de Magendie) agissent au niveau des récepteurs présents sur la surface des neurones bordant les synapses.

1.1. Disposition générale d'un nerf rachidien

Tout nerf rachidien (c'est-à-dire issu du *rachis* ou de la colonne vertébrale) est *sensitivo-moteur* ou *mixte*. Formé par la jonction de deux racines issues de la moelle épinière, le nerf rachidien se porte en dehors, en perforant la dure-mère[4] (voir figure 10). Le nerf sort du canal rachidien par un orifice situé au niveau de l'articulation de deux vertèbres. Ce nerf mixte se divise bientôt en deux branches, l'une postérieure, l'autre antérieure. La branche postérieure se dirige en arrière et se termine en se ramifiant dans les parties molles situées en arrière de la colonne vertébrale ; la branche antérieure, plus volumineuse, se distribue aux parties latérales et antérieures du corps.

4. Membrane externe, fibreuse et résistante, entourant le cerveau et la moelle épinière.

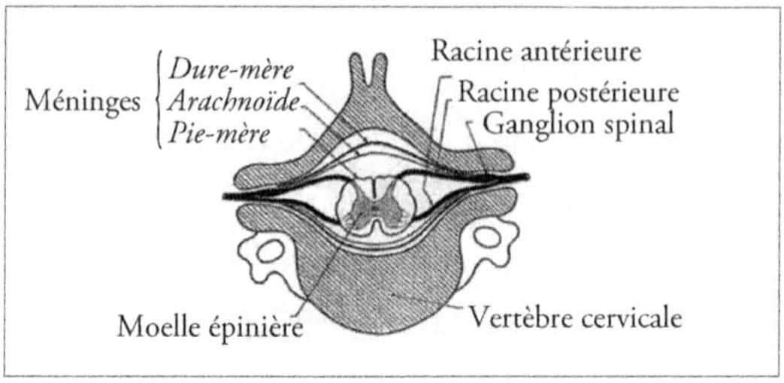

Figure 10. Coupe, au niveau de la région cervicale (du cou) de la colonne vertébrale (ou épine dorsale) contenant la moelle épinière dans le canal rachidien.

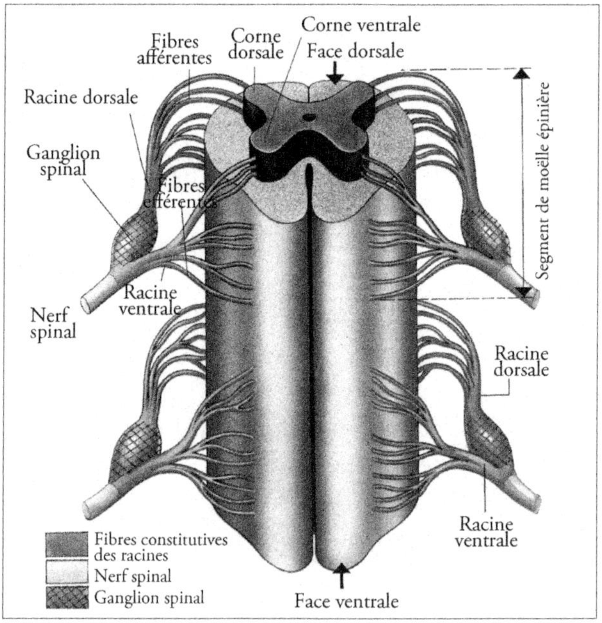

Figure 11. Représentation tridimensionnelle de deux segments de la moelle épinière et des racines des nerfs rachidiens correspondantes.

Les fibres afférentes sensorielles et les fibres efférentes motrices des nerfs rachidiens relevant de la moelle épinière sont groupées dans les nerfs mixtes. Les fibres des nerfs mixtes sont séparées en leurs composantes motrices et sensorielles au niveau de la colonne vertébrale, juste avant leur connexion avec la moelle (figures 10 et 11). Chaque nerf mixte communique ainsi avec la moelle épinière par deux racines : la postérieure, sensorielle, porte un ganglion contenant les corps cellulaires des fibres sensitives ; la racine antérieure contient les axones des cellules motrices logées dans le système nerveux central.

1.2. Système nerveux autonome

Chez les mammifères, un système nerveux dit « autonome » assure l'innervation des muscles lisses de tous les viscères : cœur, appareil digestif et ses glandes sécrétrices, reins, etc. Ce système nerveux autonome, formé de deux sous-systèmes « sympathique et parasympathique » régule les battements du cœur, la circulation, la respiration, la digestion, les sécrétions, la température du corps, etc. Les neurones moteurs (ou motoneurones) du système nerveux sympathique se regroupent en deux chaînes ganglionnaires situées le long de la colonne vertébrale en dehors du système nerveux central, mais reliées à ce système (figure 12). Les ganglions du sous-système autonome parasympathique sont situés plus près des organes qu'ils innervent.

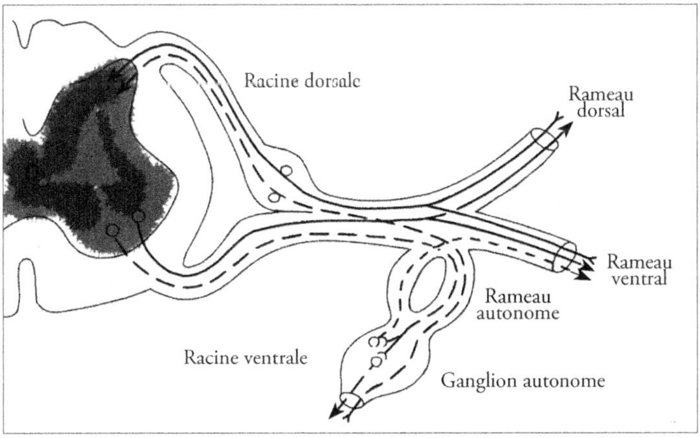

Figure 12. Organisation schématique générale des nerfs rachidiens chez les Mammifères. Les axones du système nerveux central sont figurés en traits pleins ; ceux du système nerveux autonome en traits discontinus.

Les fibres viscéro-motrices des systèmes sympathique et parasympathique issues du système nerveux central empruntent la racine ventrale (ou antérieure) des nerfs mixtes comme les fibres motrices du système périphérique de relation. Les fibres viscéro-sensorielles des systèmes sympathique et parasympathique empruntent la racine postérieure des nerfs mixtes. La racine dorsale (ou postérieure) des nerfs mixtes devient donc uniquement sensorielle (ou sensitive) alors que la racine ventrale reprend l'ensemble des racines motrices.

1.3. Nerfs rachidiens et nerfs crâniens

L'innervation d'un muscle comporte généralement plusieurs terminaisons nerveuses (plaques motrices) divisant la masse musculaire en différentes unités motrices. Un schéma d'ensemble du système nerveux cérébrospinal correspondant aux données contemporaines est représenté à la figure 13.

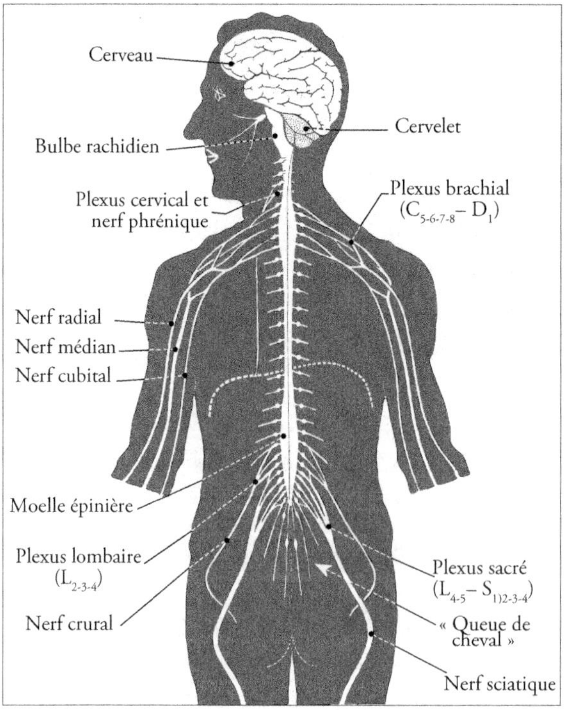

Figure 13. Schéma d'ensemble du système nerveux cérébro-spinal chez l'homme.

Chez les Vertébrés, nombre de relations sensori-motrices s'effectuent au niveau de la moelle ou transitent par la moelle épinière *via* des nerfs dits spinaux ou rachidiens présentant deux racines au niveau du canal vertébral. Certaines liaisons nerveuses s'effectuent cependant directement au niveau du cerveau *via* des nerfs crâniens qui y sont directement reliés. Comme les nerfs rachidiens, les nerfs crâniens sont souvent des nerfs mixtes (sensitifs et moteurs) mais une des deux fonctions prédomine largement dans la plupart des nerfs. Le tableau des nerfs crâniens de l'homme, ci-après, énumère les douze paires de nerfs crâniens actuellement reconnus chez l'homme :

Numéro du nerf	Nom du nerf	Fonction prédominante
I	Olfactif	Sensoriel
II	Optique	Sensoriel
III	Moteur oculaire commun	Moteur
IV	Pathétique (trochléaire)	Moteur
V_1	Trijumeau (ophtalmique profond)	Sensoriel
V_{2-3}	Maxillo-mandibulaire	Nerf mixte
VI	Moteur oculaire externe	Moteur
VII	Facial	Mixte, essentiellement moteur
VIII	Auditif, stato-acoustique	Sensoriel
IX	Glosso-pharyngien	Mixte
X	Pneumo-gastrique	Mixte
XI	Spinal	Moteur accessoire
XII	Grand Hypoglosse	Moteur

Cette organisation fonctionnelle simple et claire, énoncée au XIXe siècle (après la formulation de la règle de Bell-Magendie) n'est pas sans exception, non seulement chez les Mammifères inférieurs, mais même chez l'homme où, par exemple, de fines afférences sensorielles entrent dans la moelle au niveau de certaines racines ventrales : c'est le problème de la « sensibilité récurrente » que nous exposerons à la fin de ce chapitre.

II. LA CARRIÈRE DE SIR CHARLES BELL

Portrait de Charles Bell.

Sir Charles Bell (1774-1842) était le fils d'un pasteur de l'Église épiscopale d'Écosse. C'était avant tout un anatomiste. Après des études supérieures à l'université St-Andrews d'Édimbourg, il manifesta un grand intérêt pour la peinture du corps humain et, dans le même esprit que Michel-Ange, il s'efforça d'expliquer la figuration des postures corporelles et des expressions du visage par les données rigoureuses de l'anatomie. Il publia à Londres, en 1806, un traité de l'*Anatomie de l'expression en peinture*[5]. Cet intérêt pour la peinture du corps humain l'accompagna sa vie durant et il peignait lui-même remarquablement ; en 1815, on le trouve sur le champ de bataille de Waterloo, après le combat, faisant de nombreux croquis des diverses expressions faciales de soldats tués au combat, croquis qui le conduisirent à publier, en 1829, un traité sur les nerfs de la face et les paralysies faciales[6] sur lequel nous reviendrons plus loin (voir p. 102).

5. Sir Charles Bell, *The Anatomy and Philosophy of Expression as connected with the fine arts*, Londres, George Bell and sons, 3e édition, 1904.

6. Sir Charles Bell, « On the nerves of the face », *Philosophical Transactions of the Royal Society of London*, 119, 1829, p. 317-329.

À Londres, où il séjourna à partir de 1804, il donna des cours d'anatomie aux artistes de l'École d'anatomie de Great Windmill Street, fondée en 1768 par les frères John et Williams Hunter.

Sir Charles Bell fut aussi un grand chirurgien qui acquit, grâce à ses travaux de neurologie, une très grande notoriété en Angleterre et en France. Il fut admis au Collège des chirurgiens d'Édimbourg en 1799 et se montra tout de suite un habile praticien. Cependant des jalousies suscitées par sa notoriété grandissante à Édimbourg entravèrent sa carrière dans cette ville et c'est la raison pour laquelle il s'installa à Londres dès 1804. Il occupa dans cette ville divers postes de chirurgien à l'hôpital Middlesex jusqu'en 1836. Il y entama aussi des recherches sur le système nerveux et fit de nombreuses communications sur ses découvertes à la Royal Society. Il réunit ses premières communications scientifiques dans un ouvrage qui eut un grand retentissement : *Exposé sur les nerfs du corps humain*[7]. Cet ouvrage lui valut d'être admis comme membre de la Royal Society et fait de Sir Charles Bell le créateur de la clinique neurologique anglaise. En 1836, il devint titulaire de la chaire d'anatomie de l'université d'Édimbourg qui avait été précédemment occupée par son frère John Bell.

Dans cette rapide présentation de la carrière de Sir Charles Bell, nous avons volontairement passé sous silence les travaux qui provoquèrent sa controverse avec François Magendie et que nous allons maintenant exposer en détail.

III. PREMIÈRES PROPOSITIONS DE CHARLES BELL

Charles Bell, pour ses premiers travaux, fit surtout des dissections de cadavres d'animaux divers : lapins, ânes et aussi cadavres humains. Sur ces cadavres, il étudia, principalement, les centres nerveux : cerveau, cervelet, moelle épinière, ainsi que les nerfs qui sont rattachés à ces organes. Comme le dit Claude Bernard :

7. C. Bell, *An Exposition of the Natural System of Nerves of the Human Body*, Philadelphie, Carey and Lea, 1825.

> D'après l'anatomie seule, il se forma des idées préconçues sur les relations physiologiques de ces divers centres nerveux et sur les usages des nerfs rachidiens et encéphaliques. Il pensa que les nerfs tiraient leur spécificité de fonction de leur différence d'origine[8].

D'après Charles Bell, le cerveau (*cerebrum*) était l'organe de la sensibilité et du mouvement tandis que le cervelet (*cerebellum*) était le centre nerveux présidant aux fonctions vitales organiques (circulation, nutrition, sécrétion). Ces idées étaient empruntées au physiologiste anglais Thomas Willis (1621-1675), médecin à Londres et à Oxford, qui avait repris à Descartes le concept d'une circulation des « esprits animaux » dans les nerfs. En conséquence, d'après les dissections anatomiques qu'il avait effectuées, Charles Bell supposa que la racine antérieure des nerfs rachidiens conduisait des fibres nerveuses prenant leur origine dans le cerveau : ces fibres occupaient toute la colonne antérieure de la moelle épinière. En revanche, la racine postérieure des nerfs rachidiens contenait des fibres qui prenaient naissance dans le cervelet et occupaient la colonne postérieure de la moelle épinière. Charles Bell en déduisait donc que les racines antérieures des nerfs rachidiens avaient pour fonction de porter aux parties du corps, innervées par les nerfs mixtes qu'elles contribuaient à former, les facultés cérébrales, c'est-à-dire la *sensibilité* et le *mouvement,* tandis que les racines postérieures avaient pour mission de transmettre les fonctions organiques siégeant dans le cervelet, celles commandant la nutrition, les mouvements du cœur et de l'intestin.

Ces premières propositions sur les fonctions différentes des racines antérieures et postérieures des nerfs rachidiens furent finalement exposées, en 1811, par Charles Bell, dans une petite brochure de 42 pages, *Suggestion d'une nouvelle anatomie du cerveau*[9], qu'il fit tirer en quantité très restreinte et qu'il diffusa auprès de ses amis et collègues.

---

8. C. Bernard, *Rapport sur les progrès et la marche de la physiologie générale en France*, Paris, Imprimerie Impériale, 1867.

9. C. Bell, *Idea of a new anatomy of the brain*, Londres, Strahan and Preston, 1811.

Voici ce qu'écrivait Charles Bell à son frère George Joseph Bell, le 5 décembre 1807, alors qu'il était en pleine élaboration de son ouvrage :

> Ma nouvelle anatomie du cerveau m'occupe presque exclusivement. [...] Je suis à la veille d'une grande découverte. Je considère que les organes des sens recueillant des informations de l'environnement forment une classe de nerfs distincte des autres. Je rattache à ce groupe les nerfs du nez, de l'œil, de l'oreille et de la langue. Je vois des connexions anatomiques entre ces nerfs et la grande masse du cerveau qui reçoit des impulsions au niveau des tubercules centraux. De plus, la grande masse du cerveau envoie des impulsions motrices (ou *crura*) qui prennent le chemin des nerfs des mouvements volontaires. J'établis ainsi une sorte de circulation. [...] Mon objectif n'est pas de publier ceci, mais de l'exposer dans des conférences à mes amis[10]...

Dans l'ouvrage qu'il publia finalement en 1811, Charles Bell expose de la façon suivante ses conceptions neurologiques :

> J'ai des raisons de croire que le cerveau (*cerebrum*) et le cervelet (*cerebellum*) diffèrent à la fois par leur forme et par leur fonction ; que les différentes parties de l'encéphale ont des fonctions différentes ; et que les nerfs que nous pouvons suivre dans le corps ne sont pas des nerfs simples possédant différentes capacités, mais des faisceaux de différents nerfs dont les fibres sont réunies pour une distribution plus aisée aux différentes parties du corps, et qui ont des fonctions différentes, même s'ils tirent leur origine du cerveau. Les organes des sens, tournés vers l'extérieur, se raccordent aux nerfs adaptés à recevoir certaines impressions, et les parties correspondantes du cerveau sont activées par les impulsions reçues de l'environnement. La perception est ainsi rattachée à la partie du cerveau qui reçoit l'impression apportée par le nerf auquel elle est rattachée. [...]

10. C. Bell and A. Shaw, « Reprint of the "Idea of a new Anatomy of the Brain" with letters », *Journal of Anatomy and Physiology*, 3, 1, 1868, p. 147-182 (extraits traduits par l'auteur du présent ouvrage).

> Les nerfs sensitifs, les nerfs moteurs et les nerfs commandant les fonctions vitales sont distincts tout au long de leur parcours, même s'ils semblent parfois réunis en un faisceau unique ; ils dépendent, pour leur fonction de la partie du cerveau à laquelle chacun est rattaché. [...]
> En examinant le sujet plus avant, on trouve, quand on compare les grandeurs relatives du cerveau (*cerebrum*) et des autres parties de l'encéphale (*brain*) chez l'homme et chez les animaux, que chez les animaux le cerebrum est beaucoup plus petit, n'ayant rien à voir avec l'importance relative qu'il prend chez l'homme par rapport aux autres parties du système nerveux ; cela signifie que le *cerebrum* est le siège de ces qualités qui sont propres à l'homme. Mais on observe aussi que la partie postérieure de l'encéphale, ou *cerebellum* [le cervelet], demeure de taille comparable chez l'homme et chez les animaux [11].

Charles Bell estime alors dans son texte que les fonctions distinctes des différents nerfs devraient être prouvées expérimentalement. Mais comment faire, puisqu'il lui semble pratiquement impossible de pratiquer des expériences directement sur le cerveau. Il s'intéresse alors à la structure de la moelle épinière (*medulla spinalis*) et voici ce qu'il écrit à ce sujet dans son ouvrage :

> La *medulla spinalis* a une profonde division centrale et l'on peut y distinguer des fascicules nerveux antérieurs et postérieurs correspondant respectivement avec les portions antérieures et postérieures de l'encéphale [c'est-à-dire respectivement avec le cerveau et le cervelet]. En outre, nous pouvons suivre les nerfs moteurs descendant du *cerebrum* dans les fascicules antérieurs de la moelle épinière et ceux provenant du *cerebellum* dans les fascicules postérieurs de la moelle. J'ai donc pensé que je pourrais avoir une opportunité de toucher en quelque sorte le *cerebellum* par le biais de la portion postérieure de la moelle épinière et le *cerebrum* par le biais de la portion antérieure. Pour démontrer la validité de ces propositions, je fis donc des expériences qui, quoiqu'elles ne fussent pas très concluantes, m'encouragèrent à poursuivre mon travail avec les idées que j'avais adoptées.

11. *Ibid.*, p. 154-160.

> J'ai trouvé qu'une blessure effectuée sur la partie antérieure de la moelle épinière provoquait des convulsions sur l'animal[12] beaucoup plus certainement qu'une blessure faite sur la partie postérieure ; mais j'éprouvais des difficultés à faire ces expériences sans blesser à la fois les parties antérieures et postérieures de la moelle. (p. 161)

C'est alors que Charles Bell a l'idée de se tourner vers les nerfs rachidiens naissant de la moelle pour réaliser ses expériences. Dès le 2 mars 1810, il avait déjà écrit à son frère George Joseph Bell :

> Il me vint à l'esprit que, comme il existe quatre grandes divisions de l'encéphale, il existe aussi quatre grandes divisions de la moelle épinière : premièrement, deux parties latérales, puis une partie postérieure et une partie antérieure. Ensuite, il me vint à l'esprit que tous les nerfs rachidiens possédaient à l'intérieur d'une couche de la moelle épinière deux racines, l'une sortant de la partie postérieure, l'autre de la partie antérieure. Quand je pensai à tout cela, je réalisai que je tenais une méthode pour rechercher les fonctions des diverses parties de l'encéphale.
> Expérience n° 1 – J'ouvris le canal de l'épine dorsale[13] et je piquai et blessai les filaments postérieurs des nerfs ; aucun mouvement musculaire ne s'ensuivit. Je touchai ensuite la partie [racine ?] antérieure du nerf ; immédiatement les parties [muscles ?] entrèrent en convulsion.
> Expérience n° 2 – Je détruisis cette fois la partie postérieure de la moelle à l'aide de la pointe d'une aiguille ; il ne s'ensuivit aucun mouvement convulsif. Je blessai la partie antérieure et l'animal entra en convulsion.
> Il est presque superflu de dire que la partie de la moelle épinière qui présente de la sensibilité est ce qui vient du cerveau (*cerebrum*) ; la partie postérieure et insensible se rattache au cervelet (*cerebellum*). (p. 149)

Dans l'ouvrage, *Idea of a new anatomy of the brain*, les expériences menées par Charles Bell sont à nouveau décrites, sous la forme suivante :

---

12. On notera que Bell ne précise pas de quel animal il s'agit.
13. Une fois de plus, Charles Bell ne précise pas sur quel animal il expérimente.

Ensuite, considérant que les nerfs spinaux [rachidiens] ont une double racine ; étant d'opinion que les propriétés des nerfs dérivent des connexions qu'ils établissent avec les différentes parties de l'encéphale ; j'ai pensé que j'avais là l'opportunité de soumettre mon opinion à l'épreuve de l'expérience et de prouver, dans le même temps, que des nerfs ayant différentes capacités étaient présents dans un même cordon et maintenus ensemble par la même enveloppe.

En mettant à nu les racines des nerfs rachidiens[14], j'ai trouvé que je pouvais couper le cordon postérieur des nerfs, celui qui prenait son origine dans la partie postérieure de la moelle épinière sans provoquer de convulsions des muscles du dos ; en revanche, en touchant le cordon antérieur avec la pointe d'un couteau, les muscles du dos entraient immédiatement en convulsion.

Telles furent mes raisons de conclure que le cerveau (*cerebrum*) et le cervelet (*cerebellum*) étaient des parties de l'encéphale de fonctions distinctes, et que chaque nerf [rachidien] possédant une double fonction acquérait cette propriété en ayant une double racine. Je réalisai alors la signification de cette double connexion des nerfs avec la moelle épinière ; et aussi la cause de l'apparente intrication, tout au long de leur parcours, des connexions des nerfs qui n'étaient pas doubles à leur origine.

Les nerfs rachidiens étant doubles et ayant leurs racines dans la moelle épinière, dont une partie vient du cerveau et une autre du cervelet, convoient les attributs des deux grandes divisions de l'encéphale vers chacune des parties du corps qu'ils innervent ; en conséquence, la distribution de ces nerfs est simple, chaque nerf étant destiné à une seule partie du corps. En revanche, les nerfs qui proviennent directement de l'encéphale, sont issus de parties de l'encéphale de fonctions différentes ; et afin d'apporter différentes propriétés [sensibilité, contractilité] aux parties du corps qu'ils innervent, deux ou plus de ces nerfs [crâniens] doivent être réunis au point de destination finale de leurs parcours. (p. 161)

En conclusion, d'après les dissections anatomiques qu'il avait effectuées, Charles Bell supposa que la racine antérieure des nerfs

14. L'animal soumis à l'expérience n'est toujours pas précisé.

rachidiens conduisait des fibres nerveuses prenant leur origine dans le cerveau : sur une coupe de la moelle épinière, ces fibres occupaient toute la colonne antérieure. En revanche, la racine postérieure des nerfs rachidiens contenait des fibres qui prenaient naissance dans le cervelet et occupaient la colonne postérieure de la moelle épinière. Il faut remarquer que cette anatomie de la moelle épinière est assez approximative, puisque Charles Bell ne précise jamais quelles parties des « colonnes antérieures ou postérieures » de la moelle sont à l'origine des nerfs rachidiens droits ou gauches. En toute rigueur, il aurait fallu diviser les « colonnes antérieures et postérieures » en moitiés droite et gauche pour faire partir, au même niveau de la moelle, les nerfs rachidiens droit et gauche, chacun muni de deux racines, l'une antérieure ou ventrale, l'autre postérieure ou dorsale.

Quoiqu'il en soit, Charles Bell déduisait de ses observations anatomiques que les racines antérieures des nerfs rachidiens avaient pour fonction de porter aux parties du corps innervées par les nerfs mixtes qu'elles contribuaient à former les facultés cérébrales, c'est-à-dire la sensibilité et le mouvement, tandis que les racines postérieures avaient pour mission de transmettre les fonctions organiques siégeant dans le cervelet, celles commandant la nutrition, les mouvements du cœur et de l'intestin. Charles Bell ajoutait (sans préciser l'animal sur lequel les expériences étaient faites) que l'attouchement de la racine antérieure d'un nerf rachidien, ou bien que l'attouchement du faisceau antérieur de la moelle épinière faisait entrer les muscles innervés en convulsions violentes tandis que l'attouchement des racines postérieures des nerfs rachidiens ne provoquait pas ces réactions.

Ces premières propositions sur les fonctions différentes des racines antérieures et postérieures des nerfs s'accompagnaient d'ailleurs de considérations philosophiques sur les différents systèmes (circulatoire, digestif ou nerveux) constituant l'organisme animal. Charles Bell lui-même comparait volontiers son étude du système nerveux à la découverte du système circulatoire par le très célèbre anatomiste anglais William Harvey (1578-1657).

Il faut bien remarquer pour finir que si la fonction de la racine antérieure d'un nerf rachidien était assez bien définie par Charles Bell, la fonction de la racine postérieure n'était définie que négativement : cette racine postérieure ne conduisait pas les impulsions motrices.

IV. ÉTUDE PAR CHARLES BELL DE LA PARALYSIE FACIALE

Charles Bell reprit ses études neurologiques en 1821, appliquant cette fois ses conceptions anatomo-physiologiques aux nerfs crâniens innervant les muscles de la face. On a vu précédemment qu'il considérait que les nerfs crâniens étaient « simples », c'est-à-dire formés de fibres issues de différentes parties de l'encéphale mais qui pouvaient être réunies sous la même enveloppe. Un nerf crânien était donc à lui seul l'équivalent d'un nerf rachidien à deux racines. Charles Bell, aidé de son beau-frère Alexandre Shaw, dégagea très minutieusement, par d'habiles dissections, les nerfs crâniens innervant les muscles de la face (figure 14). Il s'attacha au nerf trijumeau, appartenant à la cinquième paire de nerfs crâniens. À cause de son origine dans le cerveau, il fit de ce nerf trijumeau un nerf équivalent à lui seul à la racine antérieure d'un nerf rachidien conduisant les influx sensitifs et moteurs ; par ses fibres issues du cervelet, il attribua aussi au trijumeau les propriétés de la racine postérieure d'un nerf rachidien, conduisant les influx intéressant les fonctions « vitales » de nutrition, sécrétion, etc. Quant au nerf crânien de la septième paire (nerf facial) Charles Bell le rangea dans la catégorie des « nerfs respiratoires » issus du cervelet.

Claude Bernard porta un jugement très sévère sur ces déductions de Charles Bell :

> Charles Bell, écrivit-il en 1867, vit toutes ses expériences au travers du prisme de son système, et c'est pourquoi il les interprète encore faussement. Il dota le nerf facial d'une faculté motrice exclusivement respiratoire qui est chimérique, et il accorda au nerf trijumeau une influence motrice volontaire sur les lèvres et les narines qui n'existe pas [15].

---

15. C. Bernard, *Rapport sur les progrès et la marche de la physiologie générale en France*, *op. cit.*

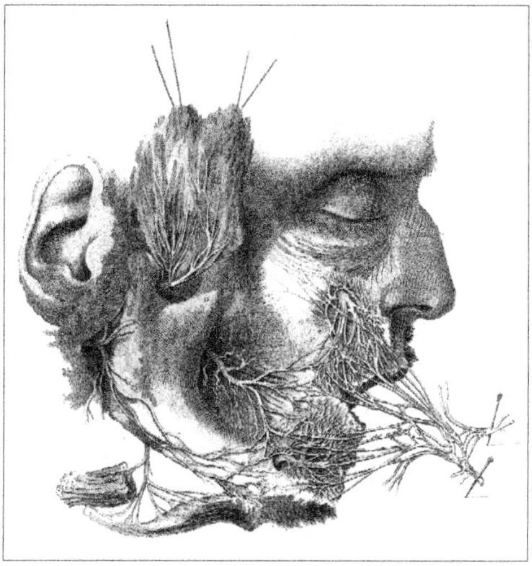

Figure 14. Dissection des nerfs de la face d'après le traité de Charles Bell, *On the nerves of the face*, 1829.

Pendant ces années 1820-1822, François Magendie faisait des expériences pour élucider les fonctions des nerfs rachidiens sans rien connaître du travail réalisé à Londres par Charles Bell. C'est pourquoi, en septembre 1821, lorsqu'Alexandre Shaw vint à Paris pour exposer les travaux qu'il menait en commun avec son beau-frère Charles Bell, Magendie, très intéressé, assista à sa conférence. Celle-ci eut lieu à l'école vétérinaire d'Alfort. L'animal choisi pour l'expérience fut le cheval, alors que Bell et Shaw avaient expérimenté en Angleterre sur l'âne. Les démonstrations de Shaw, par section des nerfs de la face ne furent pas concluantes mais Magendie devait les reprendre par la suite et les interpréter de façon bien plus exacte que Bell.

L'échec des expériences de Shaw sur la paralysie faciale, réalisées à l'école vétérinaire d'Alfort, fut expliqué par cet auteur par une différence de distribution des nerfs faciaux chez l'âne et le cheval. Magendie ouvrit largement les colonnes du journal qu'il avait créé, le *Journal de physiologie expérimentale et de pathologie*, aux deux auteurs anglais, Charles Bell et Alexandre Shaw, ce qui témoigne d'une grande courtoisie de sa part. Puis Magendie reprit de son côté les expériences de section des nerfs crâniens irriguant la face et aboutit à des conclusions différentes des auteurs anglais. En réalité les deux nerfs crâniens : trijumeau (cinquième paire) et facial (septième paire) sont des nerfs mixtes, à la fois sensitifs et moteurs, mais le trijumeau est essentiellement formé de fibres conduisant des influx sensitifs, tandis que le nerf facial est essentiellement moteur. Les territoires cutanés de la face sont innervés, presque en totalité, par les branches sensitives du nerf trijumeau.

En fait, la lésion du nerf facial proprement dit (VIIe paire de nerfs crâniens) provoque la paralysie faciale dite « périphérique ». Le noyau d'origine du nerf facial est situé à la partie postérieure et inférieure du crâne. Le nerf chemine accompagné du huitième nerf crânien, l'acoustique ; il pénètre dans le rocher par le conduit auditif interne, longe la paroi postérieure de la caisse du tympan et quitte le crâne pour se diviser en deux branches terminales : temporo- et cervico-faciales. Le nerf facial est ainsi d'abord le nerf de la mimique puisque les différents muscles peauciers de la face reçoivent leur innervation du nerf facial. Accessoirement il joue un rôle dans la transmission des sons.

Une paralysie faciale périphérique s'accompagne d'un déficit de motricité dans les deux territoires innervés par le nerf facial, provoquant une asymétrie faciale. L'occlusion complète de l'œil du territoire paralysé est impossible et le globe oculaire se porte en haut et en dehors, lors de la tentative de fermeture de l'œil : c'est le signe clinique de Bell. Au niveau facial inférieur, la commissure labiale tombe ; le malade ne peut plus sourire ni siffler ; la langue semble déviée et le malade semble gêné dans son élocution. Une certaine anesthésie du goût s'associe parfois à ces signes.

Au point de vue historique, ce qu'il faut retenir de la visite de Shaw à Paris, c'est qu'elle fut l'occasion pour Magendie de découvrir le travail déjà effectué en Angleterre par Charles Bell. Comme nous l'avons indiqué précédemment, Magendie, de son côté, avait entrepris depuis au moins deux ans, une étude des propriétés des racines médullaires des nerfs rachidiens, sans rien connaître des travaux de Charles Bell puisque ceux-ci n'avaient fait l'objet que d'une communication restreinte. La publication des premiers résultats de Magendie[16], en 1822, est à l'origine de la controverse Bell-Magendie. Charles Bell, en effet, réclama vigoureusement et publiquement la priorité de la découverte des fonctions différentes des deux racines des nerfs rachidiens. Mais la controverse ne saurait se réduire à un conflit de priorité. D'après ses premières publications, Charles Bell avait à peu près démontré que la racine antérieure de chaque nerf rachidien était douée de propriétés motrices mais il n'avait rien montré de précis au sujet des racines postérieures, sinon qu'elles étaient dépourvues de propriétés motrices. De plus, ses conceptions sur l'origine cérébrale ou cérébelleuse des faisceaux de la moelle épinière étaient totalement inexactes comme l'ont prouvé les travaux neurologiques des XIXe et XXe siècles.

Il est donc temps d'exposer les recherches conduites par François Magendie. Le lecteur pourra constater, dès la lecture de la première publication rédigée par le savant en 1822, la précision avec laquelle sont exposées les modalités opératoires, la rigueur des conclusions et l'abstention volontaire de l'auteur vis-à-vis de toute formulation menant à des considérations générales sur la structure du système nerveux.

V. LES RECHERCHES DE FRANÇOIS MAGENDIE SUR LES PROPRIÉTÉS DES DEUX RACINES DES NERFS RACHIDIENS

Pour entrer dans la controverse scientifique, il nous paraît intéressant de donner dès maintenant l'avis de Claude Bernard, très favorable, comme on s'en doute, à François Magendie.

> Si les hommes qui pressentent les choses et émettent sur elles des opinions anticipées sont souvent très utiles, c'est cependant à ceux qui apportent des faits positifs que revient toujours le principal mérite. Ce sont eux qui

16. F. Magendie, « Expériences sur les fonctions des nerfs qui naissent de la moelle épinière », *Journal de physiologie expérimentale et de pathologie*, 2, 1822, p. 276-279.

accomplissent le progrès réel, en ce qu'ils fixent la science et lui fournissent un point d'appui pour aller plus loin et marcher en avant [17].

François Magendie connaît en détail l'anatomie du système nerveux des Mammifères, comme en témoignent les deux gravures (figures 15 et 16) accompagnant son *Précis élémentaire de physiologie* publié en 1816. Dans le *Journal de physiologie expérimentale et de pathologie*, qu'il avait lui-même créé en 1821, Magendie publia donc un premier article intitulé, « Expériences sur les fonctions des racines des nerfs rachidiens [18] » :

Depuis longtemps je désirais faire une expérience dans laquelle je couperais, sur un animal, les racines postérieures des nerfs qui naissent de la moelle épinière. Je l'avais tentée bien des fois, sans pouvoir y réussir, à cause de la difficulté d'ouvrir le canal vertébral sans léser la moelle, et par suite sans faire périr ou tout au moins blesser grièvement l'animal. Le mois dernier, on apporta dans mon laboratoire, une portée de huit petits chiens, âgés de six semaines ; ces animaux me parurent très propres à tenter de nouveau d'ouvrir le canal vertébral. En effet, je pus à l'aide d'un scalpel bien tranchant, et pour ainsi dire d'un seul coup, mettre à nu la moitié postérieure de la moelle épinière entourée de ses enveloppes. Il ne me restait pour avoir cet organe presqu'à nu, que de couper la dure-mère qui l'entoure [19] : c'est ce que je fis avec facilité ; j'eus alors sous les yeux les racines postérieures des paires lombaires et sacrées, et en les soulevant successivement avec les lames de petits ciseaux, je pus les couper d'un côté, la moelle restant intacte. J'ignorais quel serait le résultat de cette tentative ; je réunis la plaie par une suture de la peau, et j'observai l'animal : je crus d'abord le membre correspondant aux nerfs coupés, entièrement paralysé ; il était insensible aux piqûres et aux pressions les plus fortes, il me paraissait aussi immobile ; mais bientôt, à ma grande surprise, je le vis se mouvoir d'une manière très apparente, bien que

17. C. Bernard, *Leçons sur la physiologie et la pathologie du système nerveux*, Paris, Baillère, 1858, tome I, p. 2.
18. In *Journal de physiologie expérimentale et de pathologie*, 2, 1822, p. 276-279.
19. Voir figure 10, p. 90.

la sensibilité y fût toujours tout à fait éteinte. Une seconde, une troisième expérience, me donnèrent exactement le même résultat ; je commençai à regarder comme probable que les racines postérieures des nerfs rachidiens pourraient bien avoir des fonctions différentes des racines antérieures, et qu'elles étaient plus particulièrement destinées à la sensibilité.

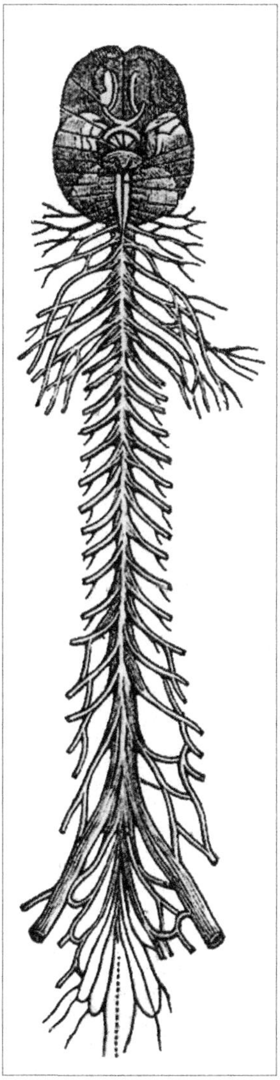

Figure 15. Dessin de la moelle épinière et des nerfs qui lui sont associés figurant dans le *Précis élémentaire de physiologie* (1816) de François Magendie : à comparer avec la figure 13.

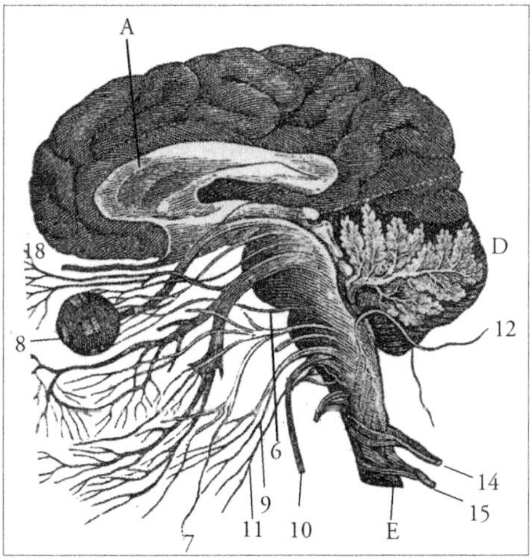

Figure 16. Dessin figurant la structure anatomique du cerveau, du cervelet, du tronc cérébral et des nerfs crâniens qui leur sont associés tel qu'on le trouve dans le *Précis élémentaire de physiologie* (1816) de François Magendie. A : corps calleux et ventricule cérébral ; D : cervelet ; E : tronc cérébral et moelle épinière ; 6, 7, 9, 10, 11, 12, 18 : nerfs craniens ; 8 : œil et nerf optique ; 14, 15 : nerfs rachidiens.

Il se présentait naturellement à l'esprit de couper les racines antérieures, en laissant intactes les postérieures ; mais une semblable entreprise était plus facile à concevoir qu'à exécuter ; comment mettre à découvert la partie antérieure de la moelle, sans intéresser les racines postérieures ? J'avoue que la chose me parut d'abord impossible ; cependant je ne cessai d'y rêver pendant deux jours, et enfin je me décidai à essayer de passer devant les racines postérieures, une espèce de couteau à cataracte dont la lame très étroite, permettrait de couper les racines, en les pressant avec le tranchant de l'instrument, sur la face postérieure du corps des vertèbres ; mais je fus obligé de renoncer à cette manœuvre, à cause des grosses veines que contient le canal de ce côté, et que j'ouvrais à chaque mouvement en avant. En faisant ces essais, je m'aperçus qu'en tirant sur la dure-mère vertébrale, on pouvait entrevoir les racines antérieures réunies en faisceaux[20], au moment où elles vont percer cette membrane. Il ne m'en fallut pas davantage, et en quelques instants, j'eus coupé toutes les paires que je voulais diviser. Comme dans les expériences précédentes, je ne fis la section que d'un seul côté afin d'avoir un terme de comparaison. On conçoit avec quelle curiosité je suivis les effets de cette section : ils ne furent point douteux, le membre était complètement immobile et flasque, tandis qu'il conservait une sensibilité non équivoque. Enfin, pour ne rien négliger, j'ai coupé à la fois les racines antérieures et les postérieures ; il y a eu perte de sensibilité et de mouvement.

J'ai répété et varié ces expériences sur plusieurs espèces d'animaux : les résultats que je viens d'énoncer se sont confirmés de la manière la plus complète, soit pour les membres antérieurs, soit pour les postérieurs. Je poursuis ces recherches et j'en donnerai un récit plus détaillé dans le prochain numéro ; il me suffit de pouvoir avancer comme positif, que les racines antérieures et les postérieures des nerfs qui naissent de la moelle épinière, ont des fonctions différentes, que les postérieures paraissent plus particulièrement destinées à la sensibilité, tandis que les antérieures semblent plus spécialement liées avec le mouvement.

20. Voir figure 11, p. 90.

Le deuxième article annoncé par Magendie fut publié la même année, dans le même journal, sous le titre, « Expériences sur les fonctions des nerfs qui naissent de la moelle épinière[21] » :

> Les faits que j'ai annoncés dans le précédent numéro sont trop importants pour que je n'aie pas cherché à les éclairer par de nouvelles recherches.
> J'ai d'abord voulu m'assurer si on ne pourrait pas couper les racines antérieures ou postérieures des nerfs spinaux sans ouvrir le grand canal de la dure-mère vertébrale ; car, en exposant la moelle épinière à l'air et à une température froide, on affaiblit sensiblement l'action nerveuse, et par suite on obtient d'une manière peu apparente les résultats que l'on cherche.
> La disposition anatomique des parties ne rendait point la chose impossible ; car chaque faisceau de racine spinale chemine quelque temps dans un canal particulier, avant de se réunir et se confondre avec l'autre faisceau. En effet j'ai trouvé qu'à l'aide de ciseaux mousses par la pointe on peut enlever assez des lames et des parties latérales des vertèbres pour mettre à découvert le ganglion de chaque paire lombaire ; et alors avec un petit stylet on sépare sans trop de difficulté le canal qui contient les racines postérieures, et il n'y a plus de difficulté pour faire la section. Cette manière de faire l'expérience m'a donné les mêmes résultats que ceux que j'avais déjà observés ; mais comme l'expérience est beaucoup plus longue et laborieuse qu'en suivant le procédé où l'on ouvre le grand canal de la dure-mère spinale, je ne crois pas qu'on doive suivre cette méthode de faire l'expérience de préférence à la première.
> J'ai voulu ensuite soumettre à une épreuve particulière les résultats dont j'ai précédemment parlé. Chacun sait que la noix vomique détermine chez l'homme et les animaux des convulsions tétaniques générales très violentes. Il était curieux de savoir si ces convulsions auraient lieu dans un membre dont les nerfs du mouvement seraient coupés, et si elles se montreraient aussi fortes qu'à l'ordinaire, la section des nerfs du sentiment étant faite. Le résultat a été tout à fait d'accord avec les précédents ; c'est-à-dire que sur un animal où les racines postérieures étaient coupées, le tétanos a été complet et

21. In *Journal de physiologie expérimentale et de pathologie*, 2, 1822, p. 366-372.

> aussi intense que si les racines spinales eussent été intactes : au contraire, dans un animal où j'avais coupé les nerfs du mouvement de l'un des membres postérieurs, ce membre est resté souple et immobile dans le moment où, sous l'influence du poison, tous les autres muscles du corps éprouvaient les contractions tétaniques les plus prononcées.

Nous passons sous silence une partie du deuxième article qui concerne la découverte de la « sensibilité récurrente », question que nous reprendrons plus loin (voir p. 112).

Ce deuxième article, publié par François Magendie en 1822, se termine par la reconnaissance du fait que Charles Bell avait, une dizaine d'années avant Magendie, émis l'idée que les racines antérieures et postérieures des nerfs rachidiens avaient des fonctions différentes et que le savant anglais avait fait quelques expériences pour le prouver :

> Avant de terminer cet article, je dois donner quelques éclaircissements sur la nouveauté des résultats que j'ai annoncés.
>
> Quand j'ai écrit la note contenue dans le numéro précédent, je croyais être le premier qui eût songé à couper les racines des nerfs spinaux ; mais je fus bientôt détrompé par un petit écrit de M. Schaw [*sic*], que ce jeune et laborieux médecin eut la complaisance de m'envoyer dès qu'il eut reçu le numéro de mon journal. Il est dit dans cet écrit que M. Ch. Bell avait fait cette section il y a treize ans, et qu'il avait reconnu que la section des racines postérieures n'empêchait pas les mouvements de continuer. M. Schaw ajoute que M. Ch. Bell avait consigné ce résultat dans une petite brochure imprimée seulement pour ses amis, mais non pour la publication. J'ai aussitôt demandé à M. Schaw qu'il voulût bien m'envoyer, s'il était possible, la brochure de M. Ch. Bell, afin que je lui rendisse toute la justice qui lui serait due. Peu de jours après je l'ai reçue de M. Schaw.
>
> Cette brochure a pour titre : *Idea of a new anatomy of the brain, submitted for the observations of his friends*, by Ch. Bell, F.A.S.E. Elle est très curieuse en ce qu'on y remarque le germe des récentes découvertes de l'auteur sur le système nerveux. À la page 22 on trouve le passage indiqué par Schaw ; je le retranscris en entier :

« Next considering that the spinal nerves have a double root, and being of the opinion that the properties of the nerves are derived from their connections with the parts of the brain, I thought that I had an opportunity of putting my opinion to the test of experiment, if different endowments were in the same cord, and held by the same sheath. On laying bare the roots of the spinal nerves, I found that I could cut across the fasciculus of nerves, which took its origin from the posterior portion of the spinal marrow, without convulsing the muscles of the back ; but on touching the anterior fasciculus with the point of the knife, the muscles of the back were immediately convulsed.[22] »
On voit par cette citation d'un ouvrage que je ne pouvais connaître, puisqu'il n'a point été publié, que M. Bell, conduit par ses ingénieuses idées sur le système nerveux, a été bien près de découvrir les fonctions des racines spinales ; toutefois le fait que les antérieures sont destinées au mouvement, tandis que les postérieures appartiennent plus particulièrement au sentiment, paraît lui avoir échappé : c'est donc à avoir établi ce fait d'une manière positive que je dois borner mes prétentions.

On peut encore aujourd'hui débattre sur la priorité de la découverte des fonctions différentes des deux racines des nerfs rachidiens : il paraît incontestable que Charles Bell avait émis, dès 1810, l'idée que les deux racines avaient des fonctions différentes ; incontestable aussi le fait qu'il avait eu le premier l'idée de couper l'une ou l'autre racine sur un animal vivant (mais il n'avait pas précisé sur quel animal il expérimentait) et qu'il avait ainsi trouvé que la racine antérieure des nerfs rachidiens était parcourue par un faisceau de fibres efférentes motrices ; cependant il n'avait pas précisé la fonction des racines postérieures, sinon de façon négative : ces racines ne conduisent pas les influx moteurs.

Les expériences de Magendie, réalisées sur des jeunes chiens, en 1821-1822, sont parfaitement décrites et les conclusions dégagées sont nettes : les racines postérieures renferment des fibres afférentes conduisant les influx sensitifs, les racines antérieures renferment

22. La traduction de ce paragraphe a été donnée précédemment, voir p. 100.

des fibres efférentes conduisant des influx moteurs. L'auteur ne va pas au-delà de ces faits expérimentaux dans ses conclusions. Les physiologistes contemporains ont tranché la controverse scientifique en appelant « loi de Bell-Magendie » la loi qui attribue une fonction sensitive à la racine postérieure des nerfs rachidiens et une fonction motrice à la racine antérieure.

VI. LA QUESTION DE LA « SENSIBILITÉ RÉCURRENTE »

La distribution des fonctions sensitives et motrices entre les deux racines des nerfs rachidiens a semblé être remise en question, pour un temps, par Magendie lui-même. Voici, à ce sujet, le passage de la deuxième publication de l'auteur, en 1822, qui relança le débat :

> En irritant directement les nerfs du sentiment, ou les racines spinales postérieures, produirait-on des contractions ? Une irritation directe des nerfs du mouvement exciterait-elle de la douleur ? Telles sont les questions que je me suis faites, et que l'expérience seule pouvait résoudre.
>
> J'ai commencé par examiner sous ce rapport les racines postérieures, ou les nerfs du sentiment. Voici ce que j'ai observé : en pinçant, tiraillant, piquant ces racines, l'animal témoigne de la douleur ; mais elle n'est point à comparer pour l'intensité avec celle qui se développe si l'on touche, même légèrement, la moelle épinière à l'endroit où naissent ces racines. Presque toutes les fois que l'on excite ainsi les racines postérieures, il se produit des contractions dans les muscles où les nerfs se distribuent ; ces contractions sont cependant peu marquées, et infiniment plus faibles que si l'on touche la moelle elle-même. Quand on coupe à la fois un faisceau de la racine postérieure, il se produit un mouvement de totalité dans le membre où le faisceau va se rendre.
>
> J'ai répété les mêmes tentatives sur les faisceaux antérieurs, et j'ai obtenu des résultats analogues, mais en sens inverse ; car les contractions excitées par le pincement, la piqûre, etc., sont très fortes et même convulsives, tandis que les signes de sensibilité sont à peine visibles. Ces faits sont donc confirmatifs de ceux que j'ai annoncés ; seulement ils semblent établir que le sentiment n'est

pas exclusivement dans les racines postérieures, non plus que le mouvement dans les racines antérieures[23].

Ce texte, assez confus, est apparemment contradictoire avec les résultats précédents de l'auteur ayant permis d'établir la loi de Bell-Magendie. Ceci donna l'occasion à un médecin, François Longet, collègue de Magendie, de publier en 1841 un article très critique sur les résultats de cet auteur. Longet reprochait à Magendie d'avoir d'abord dit que les racines antérieures des nerfs rachidiens ne conduisaient pas du tout les influx sensitifs (premier article de 1822), ou bien qu'elles ne conduisaient qu'une sensibilité très restreinte (deuxième article de 1822). Plus tard, dans ses *Leçons sur les fonctions et les maladies du système nerveux* de 1839, Magendie avait même écrit que les deux racines des nerfs rachidiens, l'antérieure et la postérieure, étaient sensibles.

Vous savez que les racines antérieures et postérieures de chaque paire rachidienne sont toutes les deux sensibles. Vous savez de plus qu'elles ne reçoivent point leur sensibilité de la même manière : la racine postérieure devient sensible par sa jonction avec la moelle, et la racine antérieure par sa jonction avec la racine postérieure, de sorte que la sensibilité leur arrive à chacune par des extrémités opposées. Une expérience bien simple prouve ce fait. Coupez par le milieu les deux racines ; la racine postérieure sera sensible par son bout médullaire, et la racine antérieure par son bout ganglionnaire ; en d'autres termes, la sensibilité de l'une vient du centre, et la sensibilité de l'autre de la circonférence.

Nous avons prouvé que c'est la racine postérieure qui fournit à l'antérieure sa sensibilité. Mais c'est là que nous nous sommes arrêtés. Il nous reste encore à établir comment cette sensibilité est apportée de la racine postérieure à la racine antérieure[24].

---

23. F. Magendie, « Expériences sur les fonctions des racines des nerfs qui naissent de la moelle épinière », *Journal de physiologie expérimentale et de pathologie*, 2, 1822, p. 366-372.

24. F. Magendie, *Leçons sur les fonctions et les maladies du système nerveux professées par M. Magendie au Collège de France*, 2 volumes, Paris, J.-B. Baillère, 1839 et 1841, p. 320.

Longet formula donc dans son article les critiques suivantes :

> La vérité est une ; que le lecteur choisisse, s'il l'ose, au milieu de ces assertions contradictoires opposées du même auteur, [...] M. Magendie aurait dû au moins nous dire, pour nous tirer d'embarras, lesquelles de ses expériences il a convenablement faites, celles de 1822 ou celles de 1839[25].

Claude Bernard prit la défense de son maître et consacra une longue partie de son *Introduction à l'étude de la médecine expérimentale*[26] à la question de la sensibilité occasionnelle de la racine antérieure des nerfs rachidiens que Magendie avait baptisée « sensibilité récurrente ».

En 1839, François Longet et Claude Bernard travaillaient tous deux dans le laboratoire du Collège de France où Magendie faisait ses expériences sur les fonctions des racines des nerfs rachidiens. Il se produisit une controverse scientifique entre Magendie et Longet puisque ce dernier prétendit d'abord avoir démontré le premier la sensibilité occasionnelle des racines antérieures, en 1839. Puis il se rétracta, en 1841, dans l'article que nous avons cité.

Claude Bernard, lorsqu'il avait été nommé assistant au Collège de France, avait participé aux expériences menées par son maître François Magendie et avait constaté par lui-même la véracité des faits relatés dans les comptes rendus de 1839 et l'existence d'une « sensibilité de retour » ou « sensibilité récurrente ». Le caractère inconstant et parfois fugitif de cette sensibilité fut expliqué par Claude Bernard par les conditions expérimentales différentes dans lesquelles les essais avaient été réalisés. Si la « sensibilité récurrente » est testée juste après l'ouverture du canal rachidien, le choc opératoire est encore très intense et la sensibilité récurrente ne se manifeste pas. Si l'on attend quelques heures après l'ouverture du canal rachidien, l'effet du choc opératoire s'est dissipé et la sensibilité récurrente se manifeste.

---

25. F.-A. Longet, « Recherches cliniques et expérimentales sur les fonctions des faisceaux de la moelle épinière et des racines des nerfs rachidiens... », *Archives générales de Médecine,* 3e série, 1841, X, p. 296-338 et XI, p. 129-182.

26. C. Bernard, 1865, réédition de 1984, *op. cit.*, p. 160-163.

En toute probité, Magendie avait donc toujours honnêtement décrit ce qu'il avait constaté, sans chercher à en fournir à chaque fois une explication.

Claude Bernard reprit lui-même les expériences de Magendie, en 1856, après la mort de son maître, et il confirma totalement et à plusieurs reprises l'existence, dans les racines antérieures de certains nerfs rachidiens, d'une « sensibilité récurrente », quelques heures après le choc opératoire. Le compte rendu d'expérience donné par Claude Bernard est parfaitement clair :

> Je crois pouvoir démontrer que cette sensibilité des racines antérieures est le lien qui les unit physiologiquement aux racines postérieures correspondantes, de manière à accoupler en quelque sorte, paire par paire, les deux ordres de racines. C'est je crois la signification qu'il faut donner à ce phénomène de la sensibilité récurrente.
> Voici d'abord le fait sur lequel s'établit cette sensibilité commune aux deux racines. Lorsque sur un animal vivant dont le canal rachidien a été ouvert et les racines nerveuses mises à nu dans de bonnes conditions (figure 17), on vient à pincer successivement la racine postérieure et la racine antérieure, on voit que toutes deux sont sensibles. Cette sensibilité se reconnaît aisément aux cris de l'animal.
> Si alors on coupe la racine antérieure *a'*, la postérieure *p'* étant intacte, on constate que le bout central *i* de la racine antérieure coupée est complètement insensible, tandis que le bout périphérique *s* est resté sensible.
> D'où vient donc cette sensibilité qui persiste dans un bout de nerf séparé du centre nerveux ? En analysant le fait, on peut le voir. Si, en effet, l'on vient à couper à son tour la racine postérieure, on ne retrouve plus cette sensibilité notée précédemment dans le bout périphérique de la racine antérieure correspondante coupée. À ce moment de l'expérience, les deux racines étant coupées, si l'on interroge la sensibilité des quatre bouts qui résultent de cette double section, on trouve que le bout central de la racine antérieure *a'''* est insensible ainsi que son bout périphérique, que le bout périphérique de la racine postérieure est insensible ; seul le bout central de la racine postérieure a conservé sa sensibilité : c'est donc de là que venait la sensibilité de toute la paire. [...]

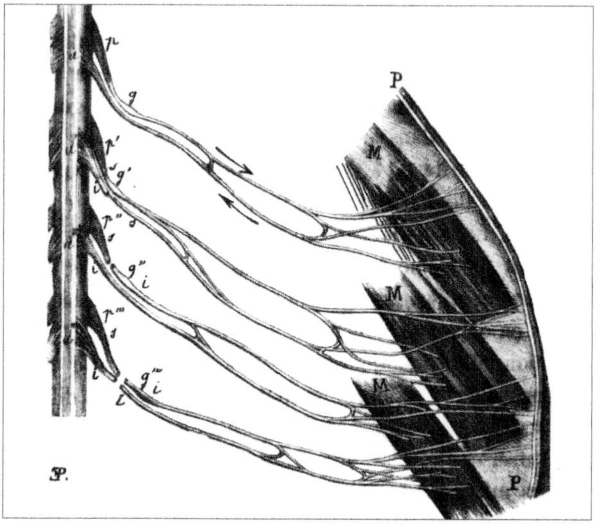

Figure 17. Figure schématique de la distribution des racines rachidiennes et de la sensibilité récurrente.
« *a'*, *a"*, *a'''*, origine des racines antérieures rachidiennes à la moelle épinière ; *p'*, *p"*, *p'''*, racines postérieures ; P, P, peau dans laquelle se termine spécialement la racine postérieure, quoiqu'elle envoie aussi quelques filets dans les muscles M, M, M, pour leur donner la sensibilité ; M, M, M, muscles dans lesquels se termine spécialement la racine antérieure, quoiqu'elle envoie aussi quelque filament pour les éléments contractiles de la peau.
La sensibilité émane de la racine postérieure à son origine dans la moelle, et elle se propage quand les racines sont intactes (première paire), du centre à la périphérie, et revient par la racine antérieure jusqu'à la moelle ; de telle sorte que, si l'on coupe la racine antérieure en laissant la postérieure intacte (deuxième paire), le bout périphérique *s* reste sensible, et le central *i* est insensible. Si l'on coupe la racine postérieure en laissant l'antérieure intacte (troisième paire), cette dernière devient insensible, de même que le bout périphérique de la racine postérieure *i* ; le bout central de la racine postérieure reste sensible. Si l'on coupe à la fois les deux racines (quatrième paire), tous les bouts de section sont insensibles, excepté sur le bout central de la racine postérieure *s*. *g'*, *g"*, *g'''*, ganglions des racines postérieures. » (Légende de Claude Bernard, *Leçons de physiologie et de pathologie du système nerveux*.)

On avait d'abord pensé que cette sensibilité se transmettait de la racine postérieure à la racine antérieure, au point où les deux racines se réunissent pour former le nerf mixte ; que des filets récurrents, appartenant à la racine postérieure, se réfléchissaient un peu après le ganglion et venaient donner leur sensibilité à la racine antérieure.
L'expérience a donné tort à cette supposition. Si elle était exacte, la section du nerf mixte à une certaine distance après la jonction des racines rachidiennes respectant ces filets devrait laisser sa sensibilité à la racine antérieure. Or, ce n'est pas ce qui s'observe : la section du nerf mixte prive la racine antérieure de sa sensibilité, ce qui n'aurait pas lieu si elle la tenait de filets récurrents venant de la racine postérieure au niveau de leur point de réunion. La communication physiologique se fait donc beaucoup plus loin : probablement à la périphérie[27].

François Magendie avait lui-même consacré un demi-volume de ses *Leçons sur les fonctions et les maladies du système nerveux* de 1839 au sujet controversé de la « sensibilité récurrente ». À la vérité, le sujet n'a qu'une importance physiologique tout à fait mineure. Nombre de traités modernes ne la mentionnent pas du tout ; ou bien une allusion très brève est consacrée à cette propriété occasionnelle de certains nerfs rachidiens. On précise que parfois, par quelques filets nerveux venus de la périphérie, une communication s'établit de la racine postérieure à la racine antérieure d'un nerf rachidien, et que cette communication s'établit exclusivement entre les deux racines d'un même nerf. Ceci peut, dans certains cas, communiquer une faible sensibilité à la racine antérieure, mais la loi de Bell-Magendie conserve toute sa valeur, tellement est inconstante et de faible intensité la sensibilité récurrente de la racine antérieure.

Notons pour finir l'exposé de la controverse Bell-Magendie qu'en 1824 François Magendie démontra la fausseté de la théorie de Charles Bell faisant du cervelet le siège des influx moteurs venant de l'encéphale. En effet, ayant supprimé le cervelet d'un canard,

27. C. Bernard, *Leçons sur la physiologie et la pathologie du système nerveux*, *op. cit.*, p. 25-28.

il constata que l'animal put survivre une semaine après l'opération et qu'il continuait à nager, mais curieusement seulement en progression arrière et jamais en avant [28]. En 1824 également, Magendie observa le « mouvement de manège » (sorte de ronde circulaire ininterrompue) exécuté par un lapin auquel il avait coupé les cordons cérébelleux [29].

On sait aujourd'hui que le cervelet est un organe responsable de l'équilibre statique, de la coordination et de l'orientation des mouvements des organismes mais que les corps cellulaires des neurones moteurs se trouvent principalement dans le cerveau.

---

28. F. Magendie, « Effets qui proviennent de la lésion de la grande commissure du cervelet au-dessus du passage de la cinquième paire », *Comptes rendus de l'Académie des sciences*, 8, 1824, p. 157.

29. F. Magendie, « Mémoire sur les fonctions de quelques parties du système nerveux », *Journal de physiologie expérimentale*, 4, 1824, p. 399-407.

VII

La reconnaissance scientifique de François Magendie ; la carrière et les honneurs

Le 20 décembre 1820, Louis XVIII avait rouvert les portes de l'Académie royale de médecine et de chirurgie. À la suite des nombreuses communications qu'il avait faites à l'Académie des sciences, après également la fondation, en 1821, de son propre *Journal de physiologie expérimentale et de pathologie*[1] qui accueillit ses propres articles (notamment ceux de sa controverse retentissante avec Charles Bell) mais aussi ceux de nombreux collègues étrangers (Charles Bell, Alexandre Shaw, etc.), François Magendie fut élu, en 1821, à l'Académie des sciences et à l'Académie royale de médecine ; dans cette dernière institution, il prit le siège occupé précédemment par le baron Nicolas Corvisart, ancien médecin personnel de Napoléon.

En 1824, il fit un voyage en Angleterre, invité par la fondation de William Hyde Wollaston, célèbre médecin et chimiste, membre de la Royal Society. Au cours de ce voyage, il fit plusieurs expériences de vivisection, sectionnant les nerfs crâniens de chiens vivants pour mettre en évidence les fonctions de ces différents nerfs. Ces expériences soulevèrent une campagne d'indignation contre l'apparente cruauté de l'expérimentateur et, plus généralement, contre toute vivisection dans les expériences de physiologie.

1. Dès 1822, François Magendie changea le titre de sa revue scientifique en *Journal de physiologie expérimentale* parce qu'il était convaincu que la pathologie n'était que la physiologie de l'homme malade.

Nous avons précédemment signalé qu'en 1818, François Magendie, désireux d'obtenir la direction d'un service hospitalier, s'était présenté au concours de recrutement de médecin des hôpitaux de Paris et que le jury du concours l'avait proposé. Un arrêté du 7 août 1818 avait approuvé sa nomination mais ce n'est que le 12 juillet 1826 qu'il fut enfin nommé médecin suppléant dans le service de gérontologie des femmes de l'hospice de la Salpêtrière, en remplacement du docteur Ferrus.

Par ailleurs, une chaire de médecine était devenue vacante au Collège de France, en 1822, par suite du décès de son titulaire Hallé. Il appartenait à l'Académie des sciences de recommander au roi un successeur. En juillet 1822, les mérites de cinq candidats furent discutés, parmi lesquels Laennec et Magendie. Après deux ballotages, le nom de Magendie fut présenté à Louis XVIII, mais la chaire fut attribuée à Laennec... Ce savant était bien différent de son concurrent, à la fois par son tempérament calme et réservé et par ses opinions royalistes. Laennec avait été le médecin de la duchesse de Berry.

Pendant ces années durant lesquelles Magendie fit beaucoup de recherches sur le système nerveux, il exerça aussi son métier de médecin. Préférant de loin sa clientèle de l'hôpital aux malades qui venaient le consulter en ville, il envoyait souvent à d'autres confrères les patients qui lui étaient adressés personnellement. Malgré cela une clientèle choisie vint au-devant de lui sans qu'il ne la recherchât ni qu'il ne fît aucun effort pour la conserver. Flourens le décrit ainsi à cette époque de sa vie :

> Vingt ans de service comme médecin dans les hospices nous montrent l'homme sévère, l'homme fantasque, devenant doux et patient en approchant de la couche de l'indigent ; le penseur sérieux, le censeur inflexible écoutant et consolant les pauvres vieilles de la Salpêtrière, recevant avec émotion la couronne qu'elles lui offrent, et ne quittant cet établissement pour passer à l'Hôtel-Dieu en 1830, qu'en se conservant le droit d'y continuer ses bienfaisantes aumônes [2].

2. P. Flourens, *Éloge historique de Magendie*, *op. cit.*

Quand Laennec mourut, en 1826, trois candidats se présentèrent pour la chaire de médecine du Collège de France : Pariset (1770-1847), médecin à l'hôpital de Bicêtre ; Récamier (1774-1852), déjà titulaire d'une chaire à la faculté de médecine et qui avait été durant vingt ans médecin-chef à l'Hôtel-Dieu et à nouveau Magendie.

Récamier était un royaliste fidèle, bien qu'il ait refusé d'être nommé baron par Louis XVIII. Magendie par contre était connu pour ses opinions libérales et républicaines et n'avait aucune conviction religieuse. Son obstination à pratiquer en laboratoire de la physiologie expérimentale avait soulevé l'hostilité des médecins les plus conservateurs et créé un certain scepticisme parmi eux sur la validité des conclusions tirées d'expériences menées sur des animaux vivants. En revanche, l'Académie des sciences dont il faisait partie lui apportait son appui.

Le ministre des Affaires ecclésiastiques et de l'Instruction publique était l'abbé Frayssinous (1765-1841). Le roi lui avait donné pour mission de restaurer l'Église romaine à son niveau d'avant la Révolution et de replacer toute l'éducation sous l'influence de l'Église. Comme grand-maître de l'Université, il était particulièrement hostile aux étudiants contestataires qui étaient source d'ennui pour le gouvernement.

> M. Frayssinous crut avoir à demander quelques concessions au rigide candidat que l'Académie lui désignait. Celui-ci, amené par un ami jusqu'auprès du Ministre et tout surpris de s'y être laissé prendre, se roidit tellement que l'habile orateur, le grand Maître en fait de « Conférences » vit finir celle-ci sans que l'épineuse rudesse, la fierté glacée de son interlocuteur eussent pu être entamées. Sortant de là, notre frondeur secouait la tête en disant : il n'est pas assez fort pour moi [3].

Le docteur Récamier fut nommé dans la chaire du Collège de France, alors que l'Académie des sciences ne lui avait accordé que

3. *Ibid.*

5 voix sur 60 au vote préparatoire. Le nouveau titulaire de la chaire de médecine se proclamait ouvertement vitaliste.

> Récamier proclame l'unité psychologique, physiologique et physique de l'être humain. L'âme, loin d'être un produit de l'exercice des fonctions cérébrales, est une force qui préside à l'arrangement primordial des organes ; cette force est libre, indépendante, individuelle et immortelle, elle possède le sentiment des altérations du corps et la connaissance de son inévitable destruction [4].

Durant ces années, Magendie continuait à donner des leçons privées de physiologie expérimentale et poursuivait activement ses recherches sur le système nerveux. Le 10 avril 1830, il se maria avec Henriette Bastienne, une jeune veuve de 28 ans. Il reçut cette même année sa nomination de médecin à l'Hôtel-Dieu où on lui confia la charge d'un service de 74 lits de femmes.

Récamier ne devait pas conserver longtemps sa chaire au Collège de France où il avait tenté de remettre en honneur ses doctrines vitalistes et spiritualistes. Survint la Révolution de 1830. Louis-Philippe qui succédait à Charles X décida le rétablissement d'un serment exigé des fonctionnaires, des enseignants et des membres de l'Université. Le 30 septembre 1830, ce serment fut présenté devant la faculté de médecine réunie en séance extraordinaire sous la forme suivante : « Je jure fidélité au roi des Français, obéissance à la charte constitutionnelle et aux lois du royaume. » Tous les professeurs présents à cette séance signèrent ce serment en ajoutant à côté de leur nom la formule : « Je le jure. »

Récamier ne s'était pas rendu à la séance extraordinaire de la faculté et il écrivit au doyen pour lui dire qu'il refusait de prêter serment. Le doyen transmit sa lettre au ministre de l'Instruction publique qui considéra dès lors Récamier comme démissionnaire. Sa chaire de la faculté de médecine fut attribuée à Broussais. Le ministre prit par ailleurs les mesures nécessaires pour pourvoir au remplacement

4. P. Triaire, *Récamier et ses contemporains,* Paris, Librairie Baillère et Fils, 1899, p. 276.

de Récamier dans la chaire de médecine du Collège de France. En janvier 1831, l'Académie des sciences proposa à nouveau Magendie par 46 voix sur 47, et le 4 avril Louis-Philippe signait la nomination officielle.

Magendie devenait ainsi professeur au Collège de France ; dans cet établissement prestigieux, fondé en 1513 par François Ier, il put continuer ses recherches en toute liberté et donner un enseignement sous la forme originale qu'il avait déjà expérimentée dans ses cours privés de physiologie expérimentale. Les leçons qu'il donna au Collège de France furent régulièrement publiées dans des ouvrages importants que nous analyserons dans les chapitres suivants.

LES APPORTS DE LA MÉTHODE ANATOMO-CLINIQUE EN NEUROLOGIE À LA FIN DU XIXe SIÈCLE

Au XIXe siècle, bon nombre des travaux neurologiques qui ont vu le jour s'inscrivent dans la lignée de ceux réalisés par Charles Bell et François Magendie sur les fonctions des nerfs rachidiens ou celles des nerfs crâniens. L'étude des paralysies faciales réalisée par ces deux auteurs inaugure une longue série de travaux.

La période qui débute vers 1820 et se prolonge jusqu'aux alentours des années 1930-1940 est celle de l'approche anatomo-clinique de la neurologie où l'attention des neurologues se porte avant tout sur la symptomatologie clinique des maladies et justifie à la fois le souci de l'examen clinique très approfondi de chaque cas et l'engouement pour les pièces anatomiques. La méthode anatomo-clinique – fondée sur l'idée que tout désordre comportemental a un substratum anatomique et, inversement, que toute lésion anatomique se manifeste par des troubles analysables sur le plan clinique – a construit la grande neurologie traditionnelle encore à l'œuvre en médecine, mais se trouvant escortée aujourd'hui des démarches paracliniques inspirées par les découvertes des électrophysiologistes, des histologistes ou des biochimistes. On doit aux travaux accomplis entre 1850 et les années 1930 une vue d'ensemble sur le fonctionnement du système nerveux central grâce à la confrontation constante entre signes cliniques et lésions anatomiques. Cette période fut d'une rare fécondité dans plusieurs pays : France, Angleterre, Allemagne, notamment.

Citons quelques auteurs parmi les plus célèbres : Pierre Flourens (1794-1867) prouva la fonction coordinatrice du cervelet ; Alfred Vulpian (1826-1887) découvrit l'adrénaline et décrivit la sclérose en plaques ; Hermann von Helmholtz (1821-1894) mesura, en 1850, la vitesse de l'influx nerveux sur le nerf sciatique de grenouille ; James Parkinson (1755-1828) décrivit pour la première fois la « paralysie agitante » correspondant à la maladie qui porte son nom.

Paul Broca (1824-1880) présenta, en 1861, deux célèbres observations concernant des patients privés de langage et dont l'examen *post-mortem* avait révélé des lésions cérébrales dans la « vallée sylvienne » située à la base du lobe frontal de l'hémisphère gauche. Les conclusions de cet auteur furent modifiées par Karl Wernicke (1848-1905) qui opposa une aphasie par atteinte du langage articulé (due à une lésion de l'aire de Broca) à une aphasie sensorielle due à l'atteinte du centre auditif verbal (lésion de l'aire de Wernicke). La méthode anatomo-clinique en neurologie continua à se développer vigoureusement en France, sous la conduite de grands maîtres tels Jean-Martin Charcot (1825-1893), très connu pour ses recherches sur l'hystérie ou l'hypnose, ou encore Joseph Babinski (1857-1932) qui étudia de nombreux troubles neurologiques résultant de lésions de la moelle épinière. Sa recherche inlassable de symptômes objectifs des troubles nerveux lui permit de découvrir la signification du réflexe cutané plantaire inversé qui porte son nom. Normalement, lorsqu'on frotte le bord externe de la plante du pied avec une pointe mousse (dont le tranchant a été usé), en allant du talon vers les orteils, le gros orteil fléchit vers la plante du pied. On appelle « signe de Babinski » le réflexe inverse : le gros orteil s'étend en se dirigeant vers le haut du pied ; c'est le signe d'une altération de la voie motrice pyramidale descendant du cerveau vers les différents étages de la moelle épinière.

La période d'exploration anatomo-clinique, inaugurée par les travaux de Bell et de Magendie, a donc permis un développement important de la neurologic, avant que les instruments très sophistiqués

(IRM [5], caméra à positrons, etc.) de la neurologie contemporaine ne viennent, au milieu du XXe siècle, prendre le pas sur les examens cliniques simples, les recherches anatomiques par dissection de cadavres ou les expériences de vivisection réalisées au laboratoire sur des animaux servant de cobayes.

5. Imagerie par résonance magnétique.

Portrait de Magendie, professeur au Collège de France.

VIII

Les leçons sur les phénomènes physiques de la vie

Dans la chaire de médecine qu'il occupe désormais au Collège de France, Magendie va délivrer un enseignement très original, tant par la forme tout à fait inédite des leçons données que par le contenu même du discours tenu par le savant. Nous avons rappelé précédemment que Magendie manifestait un grand dédain vis-à-vis des théories générales, des principes posés *a priori*, des traditions médicales transmises par les écoles de pensée les plus anciennes. Aussi ce sont essentiellement des expériences que Magendie présentait, en amphithéâtre, devant ses auditeurs, expériences réalisées sur des animaux vivants le plus souvent.

I. LE STYLE DE L'ENSEIGNEMENT DE MAGENDIE AU COLLÈGE DE FRANCE

Magendie s'adressait à des auditeurs déjà formés, biologistes et médecins venant s'informer sur les derniers progrès de leur discipline. On sait que pour le nouveau titulaire de la chaire de médecine du Collège de France, la physiologie était la base de la médecine, la maladie ne représentant à ses yeux qu'une déviation par rapport à la physiologie habituelle de l'homme sain. Le professeur ne souhaitait donc mettre en évidence devant ses auditeurs que des faits physiologiques nouveaux ; pour faire surgir de tels faits, il faisait beaucoup d'expériences en amphithéâtre, quelquefois réfléchies et préparées avant la leçon, quelquefois improvisées.

Dans son *Éloge historique de François Magendie*, Pierre Flourens décrit la forme inhabituelle de l'enseignement du titulaire de la chaire de médecine :

> On s'est étonné de la manière dont il prodiguait les expériences. Et pourtant qui serait en droit de l'en blâmer ? C'est de ces expériences improvisées que souvent il a fait sortir ses résultats les plus hardis et les plus heureux. Il avait le don de faire saisir au passage, et comme au vol, les faits apparus.

Et Pierre Flourens souligne encore la très grande curiosité de François Magendie qui attendait passionnément le résultat d'une expérience qu'il réalisait pour la première fois en amphithéâtre. Magendie a parfois des mots très durs envers ces physiologistes qui, sans faire aucune expérience, s'efforcent d'énoncer les lois de la physiologie à partir des seules données trouvées dans les publications de leurs prédécesseurs :

> Pauvres eunuques ! s'écrie-t-il, incapables de rien créer par eux-mêmes, ils s'épuisent à compiler çà et là des fragments d'erreurs qu'ils entassent ensuite dans l'espoir d'arriver à la vérité qu'ils ne connaîtront jamais [1].

De son côté, Frédéric Dubois, dans son *Éloge de Magendie*, présente ainsi l'enseignement du maître :

> Le Professeur avait ses préparateurs, ses appareils et ses réactifs ; il y avait des animaux qu'on disait en expérience, et quand on s'était contenté de leur enlever la moitié du cerveau, on les réservait pour une séance suivante...

On peut penser que Frédéric Dubois, secrétaire perpétuel de l'Académie de médecine, ne semblait pas véritablement acquis à la physiologie expérimentale et qu'il exagère quelque peu, dans sa présentation des expériences de cours de Magendie au Collège de France, en insistant sur la cruauté envers les animaux et le manque

1. F. Magendie, *Phénomènes physiques de la vie*, *op. cit.*, tome II, p. 67.

de rigueur des préparateurs. On sait néanmoins que dans sa passion de développer la physiologie expérimentale, Magendie n'était pas très sensible à la souffrance des animaux vivants utilisés dans ses vivisections. Il refusa même d'utiliser l'éther, lorsque ce corps fut proposé comme anesthésique, autour de l'année 1847, parce que, disait-il, l'endormissement des animaux risquait de masquer les réactions normales observées chez les animaux éveillés.

Claude Bernard, l'illustre assistant de Magendie au Collège de France, prendra vigoureusement la défense des expériences de vivisection menées par son maître, dans son *Introduction à l'étude de la médecine expérimentale* :

> Il serait bien étrange, en effet, qu'on reconnût que l'homme a le droit de se servir des animaux pour tous les usages de la vie, pour ses services domestiques, pour son alimentation, et qu'on lui défendît de s'en servir pour s'instruire dans une des sciences les plus utiles à l'humanité. Il n'y a pas à hésiter, la science de la vie ne peut se constituer que par des expériences, et l'on ne peut sauver de la mort des êtres vivants qu'après en avoir sacrifié d'autres. (p. 153)

En plus des expériences pratiquées devant ses élèves sur des animaux vivants, Magendie utilisait aussi des pièces anatomiques provenant d'autopsies pratiquées dans son service de l'Hôtel-Dieu. Pour surmonter les difficultés administratives créées par le prélèvement de ces pièces, Magendie sollicita l'autorisation du Conseil général des hospices ; cette autorisation lui fut accordée le 25 mai 1831, sous la forme restrictive suivante :

> Les pièces ne pourront être remises que sur demande écrite de M. Magendie ; à moins de nécessité absolue, il ne pourra être retranché aucune partie des corps réclamés par les familles. Enfin M. Magendie prendra toutes les précautions nécessaires pour prévenir les abus ou les dangers qui pourraient résulter de la faculté qui lui est accordée par la présente[2].

---

2. P. Ménétrier, « Documents inédits concernant Magendie », *Bulletin de la société française d'histoire de la médecine,* 20, 1926, p. 251-258.

C'est donc sous cette forme tout à fait nouvelle de l'enseignement au Collège de France, enseignement qui se résumait essentiellement à la présentation ininterrompue d'un grand nombre d'expériences menées devant les élèves, que Magendie inaugura, dès 1832, la série des leçons qui furent ensuite publiées en plusieurs volumes. Les toutes premières séances furent consacrées, pendant le premier semestre, à illustrer différentes fonctions du système nerveux ou des organes des sens ; pour ces premières leçons, Magendie s'appuyait sur les recherches qu'il menait lui-même au laboratoire sur les fonctions des nerfs rachidiens ou crâniens. Les phénomènes qu'il présentait ainsi étaient généralement alors qualifiés de « vitaux ».

Puis il organisa son cours des années suivantes autour du thème original et très controversé à son époque des « phénomènes physiques de la vie ». Toutes les leçons sur ce thème furent rassemblées et publiées une première fois, en 1837, par J. Augé, éditeur à Paris, puis reprises en 1842, dans un ouvrage en deux tomes édité par J.-B. Baillère à Paris. C'est cette dernière édition que nous utiliserons pour présenter les thèmes développés par Magendie.

II. LES PHÉNOMÈNES PHYSIQUES APPLICABLES AUX FONCTIONS DES ÊTRES VIVANTS

Nous avons vu précédemment que Magendie n'échappait pas complètement au vitalisme dominant la pensée des médecins et des biologistes pendant la plus grande partie du XVIIIe siècle et le début du XIXe. Il distinguait en effet parmi toutes les manifestations physiologiques deux ordres de phénomènes :

1°. Les « phénomènes vitaux » comme la sensibilité nerveuse, la contraction musculaire, les battements cardiaques, etc. pour lesquels les expérimentateurs honnêtes ne trouvaient aucune explication rationnelle ; devant ces « phénomènes vitaux » les physiologistes ne pouvaient qu'avouer leur impuissance à les comprendre (voir p. 35).

2°. En revanche, parmi toutes les manifestations mises en évidence sur les êtres vivants, il y avait pour Magendie un autre ordre de phénomènes, ceux explicables par les lois de la physique et de la chimie.

Ce sont précisément ces phénomènes physiologiques explicables par les lois de la matière inanimée – « les phénomènes physiques de la vie » – que Magendie se propose d'étudier dans ses leçons au Collège de France.

Le nouveau titulaire de la chaire de médecine s'explique à de nombreuses reprises sur ces questions et l'on sent bien à travers les proclamations de l'auteur qu'il est très conscient de marcher à contre-courant des idées dominantes :

> Par quel étrange aveuglement, s'exclame-t-il, par quelle bizarre préoccupation d'esprit, a-t-on pu prétendre que la vie est en opposition constante avec les lois physiques ? Un homme que la science cite avec orgueil, mais que l'intérêt de la vérité nous a donné souvent pour adversaire, BICHAT, semble avoir pris pour base de ses doctrines physiologiques cette absurde maxime[3].

Ailleurs, on peut lire encore :

> Je ne puis concevoir comment on peut soutenir l'idée qu'entre les lois qui régissent les corps vivants et celles qui régissent les corps inertes, il existe une ligne de démarcation qu'il n'est pas permis de franchir[4].

Pour Magendie, prétendre que les phénomènes de la vie sont entièrement distincts des phénomènes généraux de la nature, « c'est professer une erreur grave, c'est s'opposer aux progrès ultérieurs de la science ». Par son enseignement, Magendie souhaite donc poser les fondements de ce qu'il appelle une « physique vitale ». S'il insiste cependant tout au long de son cours sur la distinction entre phénomènes vitaux et phénomènes physiques, il n'y a là aucune contradiction dans la pensée de l'auteur :

> Ce qui distingue essentiellement les phénomènes vitaux des phénomènes physiques, c'est que tandis que ceux-ci peuvent être expliqués par les lois

3. F. Magendie, *Phénomènes physiques de la vie*, tome II, p. 112.
4. F. Magendie, *Phénomènes physiques de la vie*, tome I, p. 7.

connues de la matière, les premiers échappent à ces lois et se jouent également de nos aperçus et de notre curiosité[5].

La grande confiance que Magendie accorde aux progrès de la recherche scientifique le conduit à estimer que le nombre de phénomènes vitaux inexplicables par les lois de la matière va forcément se réduire au fur et à mesure que la physiologie progressera :

> Le nombre de phénomènes vitaux a été singulièrement restreint de nos jours ; chaque fois qu'on parvient à faire passer l'un d'eux dans la classe des phénomènes physiques, c'est une nouvelle conquête pour la science dont le domaine se trouve agrandi. Les mots sont alors remplacés par les faits, l'hypothèse par l'analyse[6].

Magendie dévoile enfin la raison principale qui motive la recherche de lois physiques applicables aux phénomènes physiologiques. Il énonce très clairement la justification de son approche matérialiste de la physiologie :

> Le corps de l'homme possède les propriétés générales des corps ; qu'il soit doué ou privé de vie, n'est-il pas soumis comme eux aux lois de la pesanteur, à l'influence de la chaleur, de la lumière, de l'humidité ? Comme eux, il est divisible, étendu, impénétrable. Si vous prenez chacune des parties qui le composent, les tissus solides, les liquides et l'ensemble des organes, partout vous retrouverez les propriétés générales de la matière, toutes nos parties ne sont corporelles qu'à cette condition[7].

Voici donc la liste des phénomènes physiques que Magendie se propose d'appliquer, souvent de façon hardie et novatrice, à l'étude des phénomènes physiologiques :
– porosité et imbibition ;

---

5. F. Magendie, *Phénomènes physiques de la vie*, tome II, p. 44.
6. *Ibid.*, p. 21.
7. F. Magendie, *Phénomènes physiques de la vie*, tome I, p. 7.

– endosmose, exosmose ;
– perméabilité aux gaz ;
– viscosité ;
– élasticité ;
– vibrations et production du son ;
– lois de l'hydraulique (Magendie parle de « l'hydraulique vitale ») ;
– lois de la calorimétrie.

Magendie conclut ainsi sa première leçon du cycle consacré aux phénomènes physiques de la vie :

> Ainsi, messieurs, que votre esprit se pénètre de cette vérité fondamentale, tout n'est pas vital dans les phénomènes de la vie ; bon nombre d'entre eux sont essentiellement et exclusivement physiques. Et comme ces derniers interviennent dans nos fonctions les plus importantes, c'est à la physique qu'il faut demander les moyens de les connaître et de les apprécier [8].

Nous allons voir comment Magendie utilise les lois de ces phénomènes purement physiques pour étudier quelques-unes des fonctions de l'organisme parmi les plus importantes : la digestion des aliments, la circulation du sang, la respiration, l'excrétion des déchets, etc. Nous verrons aussi quelle application malheureuse de ces lois, Magendie fera dans l'étude des maladies contagieuses.

III. POROSITÉ ET IMBIBITION DES TISSUS

Magendie donne d'abord la définition suivante de la porosité :

> La porosité consiste dans l'existence de petits espaces, placés dans le parenchyme même des corps. On peut dire, en règle générale, que cette propriété appartient à tous les corps de la nature, ou du moins à presque tous, si l'on veut s'en tenir aux vérifications expérimentales ; car il est des substances tellement disposées, qu'on ne peut rigoureusement démontrer qu'elles sont

8. *Ibid.*, p. 15.

poreuses. C'est en vertu de cette porosité qu'un liquide passe à travers un filtre, qu'un corps plongé dans l'eau se gonfle, et qu'exposé ensuite à l'air libre, il reprend son volume ; car on ne peut concevoir ce retour sans l'existence de petits intervalles, destinés au passage du fluide[9].

Le grand biologiste Bichat soutenait, dans son *Traité des membranes*, que la porosité n'était pas une propriété des tissus vivants puisque les « propriétés vitales », d'après cet auteur, soutenaient une lutte constante contre les lois physiques. Ainsi, prétendait Bichat, l'absorption des liquides par les membranes séreuses tapissant les viscères de l'organisme ne pouvait absolument pas se réduire à l'absorption physique des liquides par une membrane poreuse parce que « la surface absorbante vitale » savait faire un choix entre les bons et les mauvais liquides, c'est-à-dire admettre ce qui convient à l'organisme et refuser ce qui lui est contraire.

Magendie s'élève contre ce raisonnement vitaliste de Bichat par deux séries d'arguments développés devant ses auditeurs du Collège de France. La première série fait appel à des observations médicales bien établies : les tissus de l'organisme ne refusent pas les poisons organiques ; Magendie cite à ce propos les cas d'empoisonnements des explorateurs blessés à mort par les flèches des Indiens d'Amérique qui enduisent les extrémités de leurs flèches de poisons violents préparés à partir de plantes qu'ils sélectionnent dans la flore locale. Autre exemple donné par Magendie et tiré de l'expérience médicale : l'absorption et la diffusion aisée du « virus rabique » par les tissus internes des organismes. Il faut noter à ce propos que la nature de ce « poison » particulier (le virus de la rage) était totalement inconnue à l'époque de Magendie. (Pasteur n'a commencé à travailler sur le virus de la rage que dans les années 1880.)

Passons à la deuxième série d'arguments opposés aux « propriétés vitales » des membranes et tissus selon Bichat : il s'agit cette fois

9. *Ibid.*, p. 18.

d'expériences que Magendie fait en amphithéâtre, directement devant les étudiants :

> Vous me voyez injecter dans la cavité abdominale de ce lapin une solution aqueuse d'iodure de potassium iodurée. Suspendons un instant l'expérience, afin de donner le temps au liquide de s'imbiber ; mais rappelez-vous que si vous attendiez trop longtemps, vous ne pourriez plus le retrouver car il serait déjà passé dans le torrent de la circulation. L'abdomen de l'animal étant ouvert, vous apercevez la tunique séreuse de l'intestin, pénétrée par l'injection dont elle offre la coloration, car le liquide a passé en s'imbibant à travers les parois des vaisseaux. Si je mets quelques gouttes de la même solution sur l'estomac, encore doué de toute sa vie, vous voyez le phénomène d'absorption se produire sous vos yeux par un mécanisme identique. [...]
> J'injecte maintenant devant vous quelques gouttes d'une solution alcoolique de noix vomique dans la plèvre d'un lapin. Vous l'avez vu, à peine le poison a-t-il touché la membrane séreuse que l'animal a éprouvé la raideur tétanique et est tombé privé de vie [10].

Voici donc deux exemples d'imbibition et d'absorption de substances toxiques réalisées grâce à la porosité des tissus, sans que jamais les prétendues « propriétés vitales » de ces tissus ne s'opposent à l'absorption. La porosité des parois des veines permet le passage rapide des substances dans le torrent circulatoire, et ceci d'autant plus rapidement que le tissu est plus riche en vaisseaux sanguins. De ce point de vue, la plèvre et les poumons sont les tissus qui absorbent le plus rapidement toutes sortes de substances, comme le montre Magendie par des expériences réalisées devant ses auditeurs. Ce qui lui permet finalement d'affirmer que toute la théorie de l'absorption des aliments liquides, des boissons, des médicaments, etc., quelle que soit la voie par laquelle on les fasse pénétrer, repose sur les phénomènes de l'imbibition par porosité des tissus et sur leur passage ultérieur dans les veines ou les vaisseaux lymphatiques.

---

10. *Ibid.*, p. 21.

Comme le ferait un physicien, Magendie note les vitesses d'imbibition différentes de divers liquides : l'éther est plus vite absorbé que l'alcool, ce dernier liquide étant lui-même plus vite absorbé que l'eau. Aucune explication de ces faits expérimentaux ne peut être fournie par l'auteur puisqu'on ignorait totalement à l'époque que les membranes contenaient une double couche de phospholipides et donc que la perméabilité des membranes aux liquides était directement proportionnelle à la facilité avec laquelle ces liquides se mélangeaient aux substances grasses. Magendie note aussi que la température joue un grand rôle dans la vitesse d'absorption des liquides, les boissons chaudes étant absorbées beaucoup plus vite que les boissons froides.

Enfin certains tissus, l'épiderme notamment, offrent une grande résistance à l'imbibition, ce que Magendie démontre par plusieurs expériences.

> Il faut maintenant voir, dit-il, si les différents tissus du corps se comportent de même quand ils s'imbibent. Voici la patte d'un lapin que j'ai séparée par une section nette du corps de l'animal, et que j'ai mise quelque temps à macérer dans de l'encre. En disséquant avec soin le membre, nous trouvons que la peau offre moins de traces d'imbibition que le tissu cellulaire où la matière colorante apparaît beaucoup plus haut [dans la patte] [11].

Magendie compare ainsi l'épiderme à une couche de vernis destiné à protéger les tissus sous-jacents. Il ajoute que le mucus qui recouvre les muqueuses joue le même rôle, à un moindre degré. Il faut donc, selon une méthode inventée par Magendie lui-même et qualifiée *d'endodermique*, faire des injections sous-cutanées (ou intradermiques) lorsque l'on veut administrer rapidement une solution médicamenteuse à un malade. Magendie cite aussi le cas de la vaccination contre la variole, qui commençait à se généraliser à son époque, et qui nécessitait aussi l'injection sous-épidermique du vaccin.

---

11. *Ibid.*, p. 28.

IV. ÉTUDE, À L'AIDE DE LOIS PHYSIQUES, DE LA CIRCULATION DU SANG

Comme deuxième exemple de l'application, par Magendie, des lois physiques aux phénomènes physiologiques, nous avons choisi de présenter l'étude de la circulation du sang qu'il a développée devant ses auditeurs, au Collège de France, dans un grand nombre de leçons.

Comme à l'accoutumée, Magendie annonce qu'il va faire une présentation originale de cette partie de la physiologie humaine ou animale, en ne s'appuyant que sur des expériences qu'il aura lui-même réalisées. D'avance, il récuse toutes les théories ou hypothèses qui jalonnent l'histoire de la médecine :

> Il est peu de médecins qui n'aiment à disserter sur la circulation du sang, s'exclame-t-il ; c'est là le sujet favori, le texte de prédilection.
> Et cependant, Messieurs, je ne vous dis rien d'exagéré en vous affirmant que le véritable mécanisme de cet important phénomène est généralement ignoré et que le plus disert en cette matière est souvent celui qui possède le moins son sujet [12].

1. Les structures de l'appareil circulatoire

Le point de départ de l'analyse de Magendie est la constatation, facile à démontrer expérimentalement, que tous les tissus de l'organisme sont constamment traversés par des courants de liquides. Des ponctions ou des incisions faites en des points quelconques de l'organisme animal (ou humain) laissent s'écouler des liquides : sang, lymphe, chyle, etc. La répétition de ces ponctions ou incisions sur l'animal vivant, après quelque temps, montre que les liquides perdus se sont reconstitués ou bien qu'ils ont été apportés de nouveau dans les tissus par un mécanisme quelconque. « Ce renouvellement des liquides, dit Magendie, est une condition indispensable de la vie. [13] »

---

12. F. Magendie, *Phénomènes physiques de la vie*, tome II, p. 51.
13. *Ibid.*, p. 53.

Il s'agit donc, pour Magendie, de trouver la nature du ou des mécanismes qui mettent en mouvement les liquides dans le corps. Il énonce alors d'emblée, contrairement à son habitude, la conclusion à laquelle il est parvenu après avoir effectué de nombreuses expériences et observations : « Un système d'organes tout entier, une machine admirable est chargée de ce rôle important [faire circuler les liquides]. [14] » Parlant de « machine admirable », Magendie annonce donc, dès le début de son discours, qu'il se propose d'utiliser les lois de la mécanique des fluides pour expliquer la circulation du sang.

2. Les vaisseaux sanguins

Magendie s'efforce d'abord de décrire le plus simplement possible le « système d'organes tout entier » formant l'appareil circulatoire :

> On désigne généralement sous le nom de vaisseaux, artères, veines, capillaires, des tuyaux membraneux destinés à charrier le sang dans tous les points de l'organisme. L'expression de *tuyaux* me semble préférable aux mots adoptés dans le langage anatomique, *car elle a l'avantage de ramener nos idées vers les lois physiques*, les seules qui puissent nous être de quelque secours dans les questions que nous allons examiner [15].

La schématisation extrême à laquelle se livre Magendie présente certainement des avantages pour la démonstration qu'il veut faire : le sang – le liquide le plus important de l'organisme – se meut dans des tuyaux, des tubes creux, qu'ils se nomment veines ou artères. On pourra donc appliquer aux mouvements du fluide dans ces tuyaux les lois physiques de « l'hydraulique », comme il le répète de nombreuses fois.

Mais cette schématisation extrême, qui consiste à ramener tous les vaisseaux sanguins à des tuyaux, présente aussi de nombreux inconvénients. Depuis l'Antiquité, les anatomistes dénomment « veines » les vaisseaux sanguins qui conduisent le sang des organes vers le cœur

14. *Ibid.*, p. 54.
15. *Ibid.*, p. 54

et « artères » les vaisseaux sanguins qui conduisent le sang du cœur vers les organes. Ce n'est qu'au XVIIe siècle que le médecin anglais William Harvey démontra que les veines et les artères se raccordaient au niveau des organes par de fins capillaires, ce qui permettait au sang de circuler en circuit fermé à travers tout l'organisme. On doit d'ailleurs distinguer en toute rigueur :

– la petite boucle de circulation pulmonaire : du cœur aux poumons par l'artère pulmonaire et retour du sang au cœur par les veines pulmonaires ;
– la grande boucle de la circulation générale, du cœur aux organes par l'artère aorte et les artères qui la prolongent puis retour du sang des tissus au cœur par les veines (voir schéma, figure 18).

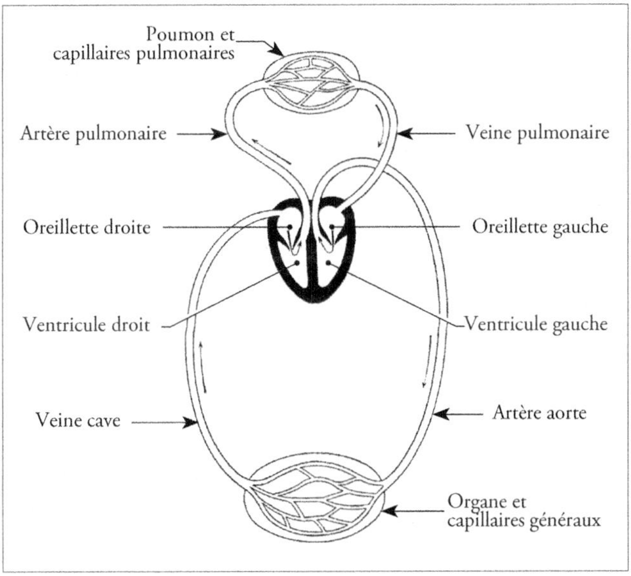

Figure 18. Schéma simplifié de la circulation sanguine chez l'homme.

Par ailleurs, les vaisseaux sanguins ne sont pas des tuyaux inertes ; ce sont des structures vivantes ayant des exigences nutritives et respiratoires. Ces « tuyaux » ne transportent pas un sang de composition uniforme. Les veines renferment le sang rouge sombre issu des tissus ;

le sang contenu dans les veines résulte de la transformation du sang artériel lors de la traversée de chaque tissu par suite de l'activité respiratoire des cellules : le sang artériel s'y est appauvri en oxygène et chargé en gaz carbonique (dioxyde de carbone). Dans les tissus, le sang artériel a aussi été délesté des substances nutritives qu'il contenait et s'est chargé, en se transformant en sang veineux, des déchets de l'activité chimique des tissus, c'est-à-dire de leur métabolisme. En revanche, le sang artériel contenu dans les artères de la grande circulation a été régénéré dans les poumons, au contact de l'air atmosphérique, et il a perdu le gaz carbonique apporté par les veines au cœur et s'est enrichi en oxygène. Il est de couleur rouge vif après la traversée des poumons.

La nomenclature anatomique traditionnelle qui distingue veines et artères correspond donc à des compositions différentes du sang transporté par ces « tuyaux » et ces différences sont très importantes parce qu'elles reflètent la physiologie générale des tissus, leur métabolisme et leur respiration. Nous verrons d'ailleurs ci-après que Magendie sera obligé, pour bien décrire la circulation du sang d'un point de vue physiologique, de reprendre la distinction entre veines et artères. Deux considérations importantes justifient quelque peu cependant la schématisation outrancière de Magendie faisant des vaisseaux sanguins de simples « tuyaux » :

1°. Les notions mêmes de cellule et de métabolisme cellulaire, si familières aux biologistes contemporains, étaient totalement inconnues au début du XIXe siècle. Magendie ne pouvait donc pas clairement percevoir l'intérêt de la nomenclature anatomique des vaisseaux, ne sachant pas qu'elle reflète, comme on l'a vu ci-dessus, l'activité physiologique des tissus de l'organisme entier.

2°. Le problème principal que voulait résoudre Magendie était le suivant : quel est le mécanisme qui met le sang en mouvement dans les « tuyaux » de l'appareil circulatoire ? L'assimilation des veines et des artères à de simples « tuyaux » va lui permettre de démontrer que c'est le même « moteur », la même « pompe » qui fait circuler le sang dans les deux sortes de tuyaux.

Finalement Magendie se trouve quand même contraint de décrire l'appareil circulatoire, même réduit à un circuit hydraulique de tuyaux comportant une pompe centrale, en distinguant les veines et les artères.

> Envisagé dans son ensemble, l'appareil circulatoire nous offre à considérer une *machine hydraulique centrale* (le cœur) qui sert de réservoir et de pompe au liquide (le sang) destiné à se mouvoir dans tous les points de l'organisme, des *tuyaux efférents* (les artères) chargés de distribuer partout un fluide dont les propriétés physiques arrêteront plus tard notre attention ; des *tuyaux afférents* (les veines) chargées de ramasser ce même fluide dépouillé de quelques-unes de ses qualités, et mélangé avec des matériaux étrangers. Ces deux systèmes de tuyaux n'offrent point dans toute leur longueur un égal diamètre. De plus en plus volumineux suivant qu'on les observe plus près de la machine centrale, ils vont graduellement en décroissant à mesure qu'ils s'en éloignent, et représentent une succession continue de cylindres qui vers leurs dernières divisions égalent à peine la ténuité du cheveu. Ce sont ces tuyaux intermédiaires (les vaisseaux capillaires) qui établissent une libre communication entre les deux grands ordres de conduits hydrauliques. Tel est le point de vue sous lequel nous nous proposons d'envisager le phénomène de circulation. Vous exposer les lois mécaniques qui président au mouvement et à la distribution du liquide que met en jeu la pompe centrale vivante, voilà notre but, voilà notre mission[16].

3. Le cœur

Devant ses auditeurs du Collège de France, Magendie élimine d'abord toute une série d'explications fantaisistes qu'il a trouvées dans la littérature médicale et qui ont été proposées pour rendre compte du mouvement du sang dans le « circuit hydraulique » qu'il vient de décrire. Il s'agit, par exemple, des « prétendues explosions » qu'on avait admises à l'intérieur des vaisseaux et « qui n'ont jamais existé que dans l'imagination de ceux qui ont voulu

16. *Ibid.*, p. 54-55.

leur faire jouer un rôle ». Magendie se pose aussi la question du rôle éventuel de la pesanteur qu'il faut éliminer parce qu'elle ne pourrait nullement rendre compte de la remontée du sang des parties basses du corps vers le cœur. Semblablement, ne peuvent jouer seules les forces de capillarité qui n'interviendraient au mieux que dans les « tuyaux » très ténus des capillaires sanguins. Magendie en arrive ainsi à se poser la question cruciale : « Quelle est donc la force qui met en jeu la machine hydraulique humaine ? C'est la contraction musculaire. [17] »

On notera ici que, contrairement à son habitude, Magendie donne la réponse à la question posée avant d'avoir décrit les observations ou les expériences physiologiques qui l'ont conduit à la conclusion qu'il énonce.

Figure 19. Anatomie schématique du cœur humain.

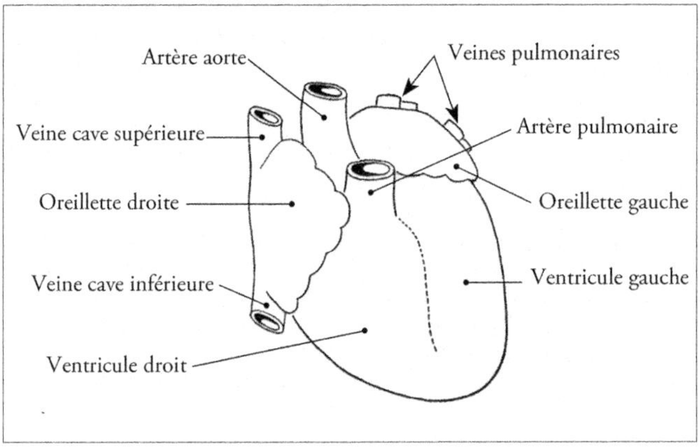

A – Vue générale du cœur

17. *Ibid.*, p. 56.

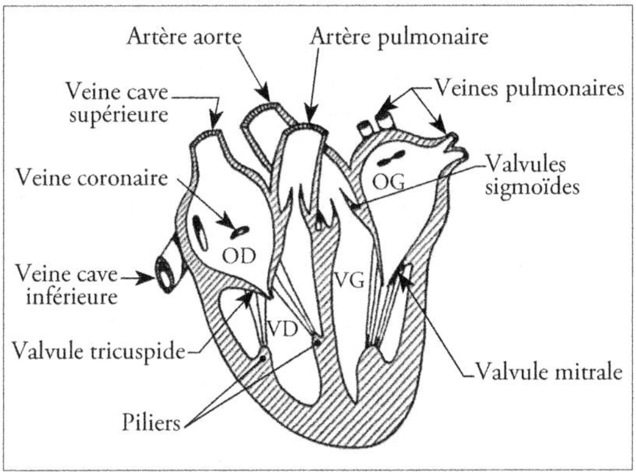

B – Coupe schématique longitudinale du cœur selon l'axe médian
OD : oreillette droite ; OG : oreillette gauche ;
VD : ventricule droit ; VG : ventricule gauche.

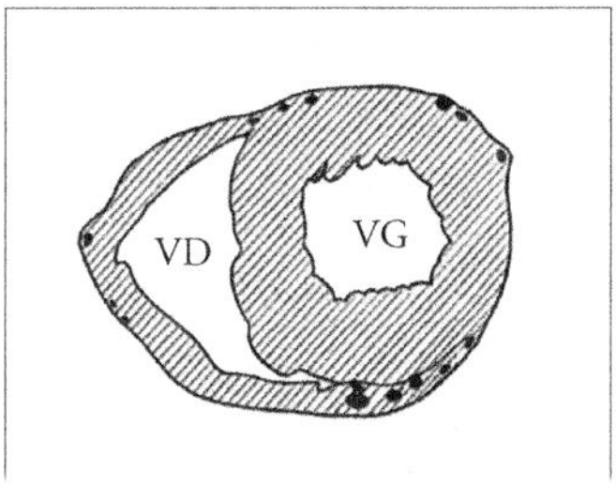

C – Coupe transversale du cœur au niveau des ventricules

L'organe où s'exerce la « contraction musculaire » qui fait circuler le sang dans la « machine hydraulique humaine » est le cœur. De cet organe tant de fois décrit sur le plan anatomique (voir figure 19), Magendie va donner une présentation nouvelle, réduisant l'ensemble cardiaque à une pompe hydraulique.

L'organe central de la circulation représente une pompe, mais une pompe qui diffère sous beaucoup de rapports de celle qu'on emploie habituellement dans les arts. Dans une pompe ordinaire le piston s'élevant et s'abaissant par un mouvement de va-et-vient aspire, puis comprime un liquide ; de même pour le cœur nous voyons une ondée de sang pénétrer et sortir alternativement. Par quoi se trouve remplacé le jeu du piston ? Par l'action des parois du corps même de la pompe. Ce sont elles qui, en se dilatant, permettent au liquide d'entrer dans leur cavité qui, revenant sur elle-même, par une contraction subite et énergique, le lancent dans un système de tuyaux élastiques chargés de la distribution. Dans l'étude de l'hydraulique vitale nous devons donc envisager la question sous un double point de vue. Nous aurons à étudier la force motrice, l'*agent vital*, dont le mécanisme restera pour nous un mystère ; nous verrons à côté, mais non sur la même ligne, des canaux traversés par des courants liquides, nous les y verrons soumis aux lois hydrodynamiques. C'est sous ce dernier rapport que nous nous proposons d'envisager d'abord le mécanisme du cours des liquides au sein de l'économie [18].

On retrouve dans cette description encore imparfaite du cœur assimilé à une seule pompe, la dualité signalée précédemment dans les conceptions philosophiques de Magendie :

1. La contraction autonome des tissus musculaires formant les parois cardiaques ne trouve pas d'explication valable à ses yeux dans l'état de la science du début du XIXe siècle ; il s'agit donc pour lui d'un « phénomène vital » qui reste un « mystère ». Notons que son attitude, à cet égard, peut se comparer à celle de Descartes qui avait repoussé la « force pulsatile autonome » attribuée au cœur par Harvey ; Descartes l'avait éliminée parce qu'il ne lui trouvait aucun équivalent mécanique. Il avait donc remplacé cette « force pulsatile autonome » par la chaleur cardiaque qui entraînait, selon lui, la dilatation du sang, ce qui le chassait dans les artères [19]. Cette interprétation physique abusive des mouvements du cœur était évidemment une erreur que Magendie ne reprend nullement à son compte. Plus prudent que Descartes, Magendie reconnaît la contraction des muscles des ventricules cardiaques, mais la cause de ces contractions reste pour lui sans explication.

---

18. *Ibid.*, p. 56-57.

19. Voir P. Mazliak, *Descartes, de la science universelle à la biologie*, Paris, Vuibert/Adapt, 2005.

2. Une fois admis le « mystère » de la contraction musculaire autonome des parois cardiaques, le fonctionnement de l'organe *relève strictement de la physique* puisqu'il est tout à fait équivalent à celui d'une pompe dont le piston chasse le liquide dans les tuyaux dans un premier temps, puis revient à sa position initiale dans un deuxième temps, ce qui permet à une nouvelle masse de liquide de remplir à nouveau le corps de la pompe.

Cependant le cœur ne présente pas de piston ; rétrécissement puis élargissement des cavités cardiaques se succèdent dans le temps à cause du seul jeu de la contraction puis de de la décontraction des fibres musculaires des parois. L'absence de reflux du liquide sanguin dans les cavités cardiaques est assurée, comme dans une pompe hydraulique, par le jeu des soupapes à clapets qui obturent l'orifice où elles se trouvent lorsque le liquide est poussé hors des cavités puis laissent le passage libre lorsque les cavités vides réaugmentent de volume. Ces « soupapes » de sûreté sont les valvules cardiaques séparant oreillettes et ventricules (voir figure 19B). Pour bien préciser le fonctionnement mécanique de la « pompe cardiaque », Magendie se trouve obligé de descendre plus en détail dans la description de l'organe qu'il assimile en vérité à deux pompes hydrauliques accolées l'une à l'autre :

> Cet organe nous offre des cavités susceptibles de s'agrandir et de se resserrer, des tuyaux chargés de charrier un liquide, des soupapes disposées de manière à laisser passer le liquide dans un sens, et à s'opposer à son reflux en sens inverse. En un mot, nous rencontrons là toutes les parties qui entrent dans la composition d'une pompe ordinaire. Qui pourrait contester une analogie aussi frappante ? Si maintenant vous coupez cet organe perpendiculairement à son plus grand diamètre, vous y trouvez deux cavités séparées l'une de l'autre par une cloison qui les isole complètement ; l'une à gauche, à parois très fortes, très épaisses, dont les dimensions sont médiocres [le ventricule gauche], l'autre à droite, à parois faibles, plus minces, dont les dimensions sont beaucoup plus considérables [le ventricule droit]. Et comme on sait par l'expérience que l'intensité de la force qui se développe dans un organe est en raison directe de la masse de ses fibres, on peut déjà établir que de

> ces deux puissances mécaniques, l'une l'emporte sur l'autre en énergie. Ainsi, voilà le fait fondamental : la machine qui fait marcher notre sang se compose de deux pompes adossées l'une à l'autre et de force inégale. Pour faire comprendre la puissance comparative de chacune, je dirais, pour parler le langage des mécaniciens, que la première a la force de dix chevaux et la seconde de trois seulement[20].

Cette description du cœur, comme deux pompes accolées, séparées par une cloison étanche, est beaucoup plus proche de la réalité anatomique et permet de bien comprendre le mouvement d'ensemble du sang dans l'appareil circulatoire.

Magendie signale tout d'abord qu'il trouve ridicules les dénominations traditionnelles « d'oreillettes » et de « ventricules ». Pour lui, les « petites oreilles » du cœur (ou oreillettes) ne sont que des réservoirs accumulant transitoirement le sang qui va passer dans les « petits ventres » (ou ventricules) qui sont les deux « corps de pompes » véritablement actifs dans le fonctionnement de la « machine hydraulique ».

Si le ventricule gauche a les parois les plus épaisses (voir figure 19C), c'est qu'il se contracte le plus vigoureusement (comparativement à l'autre ventricule) et ceci est nécessaire pour faire circuler le sang dans toute la boucle de la « grande circulation » (voir schéma, figure 18) qui comprend les artères, veines et capillaires irriguant tous les organes du corps à l'exception des poumons.

La paroi du ventricule droit est la plus mince parce que la contraction de ce ventricule n'impulse que la « petite circulation » irriguant les poumons. Le rôle de cette petite circulation est cependant capital, comme on sait, pour décharger le sang veineux de la grande circulation de son gaz carbonique (déchet de la respiration des tissus) et réalimenter le sang artériel en oxygène (nécessaire à la combustion respiratoire des aliments dans tous les tissus, ce qui les approvisionne en énergie).

20. F. Magendie, *Phénomènes physiques de la vie*, tome II, p. 68.

En conclusion de ces leçons consacrées au fonctionnement du cœur, Magendie se félicite d'avoir fait, d'une question de physiologie, un problème de mécanique : « C'est ainsi, écrit-il, que le cœur et les vaisseaux sanguins ne sont plus pour nous qu'une pompe et des tuyaux. » Cette schématisation est outrancière, ne serait-ce que parce qu'elle néglige le « mystère » de la contraction musculaire des parois ventriculaires. Magendie s'en rend bien compte ; c'est pourquoi il fera preuve d'une attitude beaucoup plus mesurée lorsqu'il envisagera le mouvement du sang dans les artères.

4. Le faux postulat de la contractilité des artères

Magendie trace lui-même les limites de la schématisation extrême qu'il vient de réaliser en assimilant les artères à des tuyaux. Les parois des artères sont des tissus vivants, souligne-t-il avec force.

> Une artère n'est pas un tube de caoutchouc ; elle vit, elle est le siège, comme tout tissu vivant, d'un certain ordre de phénomènes qui ne sont point du ressort de la physique. Combien sa texture intime n'éprouve-t-elle pas de modifications depuis les premiers rudiments de l'embryon jusqu'aux dépôts calcaires de la vieillesse ! Tant que vous n'envisagez une artère que sous le point de vue de sa vitalité, toute explication mécanique doit être provisoirement proscrite. Mais voulez-vous savoir par quel artifice un liquide marche dans sa cavité, c'est aux lois physiques et non pas aux lois vitales qu'il faut vous adresser [21].

Ignorant, comme tous les biologistes de cette époque, que les tissus de l'organisme sont formés de cellules, Magendie donne à l'expression « tissu vivant » un sens assez voisin de celui que Xavier Bichat lui attribuait dans son *Traité des membranes* de 1799, dans lequel il distinguait 21 tissus fondamentaux, doués chacun de sa « vie propre ». Les tissus artériels et veineux figuraient d'ailleurs parmi les tissus fondamentaux énumérés dans le traité. Cependant,

21. *Ibid.*, p. 65.

à la différence de Bichat, Magendie reconnaît certaines propriétés physiques aux artères.

Les deux caractéristiques physiques essentielles des tissus artériels relevées par Magendie sont les suivantes : l'*extrême poli* de leur surface interne, de sorte qu'aucune aspérité n'arrête le flux continu du sang et l'*élasticité* de leur paroi. Voici la démonstration, par Magendie, de cette deuxième propriété physique des artères :

> Un autre caractère non moins important [des artères], c'est l'élasticité de leur paroi. Prenez un de ces tuyaux et tiraillez-le, soit en long, soit en travers, il cède et s'allonge ; cessez d'agir, il reprend ses dimensions premières. On a fait jusqu'ici très peu usage, dans les arts, de canaux élastiques pour le transport des liquides, aussi n'a-t-on généralement accordé qu'une influence médiocre ou nulle à cette propriété physique pour l'explication des phénomènes hydrauliques dont notre corps est le siège. Et cependant quels immenses résultats en sont la conséquence ! L'élasticité n'existe pas à un égal degré dans les deux systèmes de tuyaux : elle est plus marquée dans les artères que dans les veines [22].

Pour le vitaliste Bichat, les artères possédaient toutes *une force contractile propre* qu'il rendait responsable de la circulation du sang dans toutes les parties du corps. Magendie s'élève vivement contre ce faux postulat de la contractilité propre des artères.

> Ces tuyaux vivants n'ont-ils pas une force contractile propre, indépendante de leur élasticité ? Non, Messieurs. Je sais que dans certaines écoles on émet encore de semblables doctrines, et qu'on décrit avec une sorte de complaisance cette prétendue action des artères qu'on envisage comme autant de petits cœurs prolongés. Sur quoi sont fondées ces erreurs ? Sur des suppositions hasardeuses, sur de fausses déductions tirées de l'anatomie comparée. À qui appartient-il de décider de cette grave question ? À l'observation. Eh bien ! C'est à l'observation que nous en appelons. Nous répéterons devant vous des expériences que nous avons variées de mille manières, et

22. *Ibid.*, p. 75.

elles vous prouveront, je l'espère, que pour les tuyaux artériels il n'existe rien qui ressemble à la contractilité musculaire.
Cependant, dira-t-on, il est incontestable que les artères *se contractent.* Examinées sur l'animal vivant, elles offrent des alternatives de dilatation et de resserrement. Messieurs, ce n'est là qu'une simple affaire de mots ; aussi avant d'engager une lutte scientifique, il faut bien s'entendre sur le sens des expressions que l'on doit employer. Oui, sans doute, ces tuyaux ont et doivent avoir une grande influence sur les mouvements des liquides, et c'est par l'action de leurs parois qu'on explique comment le sang n'est point alternativement en repos et en mouvement, pourquoi il est mû d'une manière *continue saccadée* dans les troncs et les rameaux, *continue uniforme* dans les ramuscules des dernières divisions. Loin de m'élever contre ces faits, je crois avoir un des premiers éveillé sur eux l'attention des physiologistes. Appelez ces phénomènes du nom de *contraction* ; je le veux bien ; mais prenez garde d'introduire dans le langage médical une déplorable confusion ; prenez garde de comprendre dans une dénomination commune et les propriétés physiques et les propriétés vitales. De quelle nature est ce resserrement des artères ? Nous vous avons déjà dit qu'on ne peut l'attribuer qu'à l'élasticité dont sont douées leurs parois. C'est en vain qu'on leur a supposé *l'irritabilité* de la fibre musculaire. J'affirme ici, parce que j'en ai la preuve, parce que chacun de vous peut se la procurer quand il le voudra, j'affirme que ces vaisseaux soumis à l'action des instruments piquants, des caustiques et du galvanisme ne présentent aucun phénomène qui ressemble à l'irritabilité. Senac, je le sais, a vu l'aorte ventrale se resserrer par l'application d'un acide. Était-ce un phénomène vital ? Non, Messieurs, ce n'était qu'un simple résultat chimique. Tout tissu organique, mis en contact avec un caustique, se racornit ; le muscle seul se contracte[23].

Finalement, Magendie se rend parfaitement compte que l'impulsion discontinue donnée au sang dans la grande circulation par les contractions musculaires du ventricule gauche (c'est-à-dire par la pompe principale du circuit hydraulique) est transformée, grâce à l'élasticité des parois des artères, en un flux continu : le sang est

23. *Ibid.*, p. 76-77.

animé sans cesse d'un mouvement régulier et non d'un mouvement saccadé.

Cependant, en déniant tout pouvoir contractile aux artères, Magendie faisait une erreur, que son élève Claude Bernard corrigera une vingtaine d'années plus tard en démontrant les effets vasomoteurs des systèmes nerveux sympathique et parasympathique. Ces effets étaient totalement ignorés dans les premières années du XIXe siècle. En vérité, les fibres musculaires lisses des parois des petites artères reçoivent des filets nerveux du système sympathique qui ont un effet de resserrement du diamètre des vaisseaux (effet vasoconstricteur). D'autres filets nerveux, d'origine parasympathique, ont un effet vasodilatateur. Toutefois, ces contractions d'origine nerveuse ne viennent que modifier la vitesse du flux sanguin dans les artères. Magendie avait totalement raison en affirmant que c'étaient les contractions cardiaques qui déterminaient, pour l'essentiel et très majoritairement, le mouvement du sang dans les vaisseaux et que les artères, par leur élasticité, ne faisaient que régulariser ce mouvement en créant un flux continu. La « contractilité autonome du tissu artériel », supposée par Bichat pour expliquer la circulation du sang, n'était qu'un faux postulat.

5. Considérations sur la composition du sang

Après avoir expliqué le mécanisme « physique » de la circulation du sang, Magendie se livre à quelques considérations sur la composition du liquide sanguin. Ces considérations, reflétant l'état des connaissances en ce domaine au début du XIXe siècle, nous paraissent aujourd'hui bien sommaires. La biochimie du sang était alors tout à fait débutante : quelques constituants seulement (l'albumine, la fibrine, mais non l'hémoglobine) étaient alors identifiés et l'étude microscopique des globules sanguins était alors tout à fait rudimentaire ; par exemple, la distinction entre globules blancs et globules rouges n'apparaît pas nettement dans les leçons de Magendie.

> La science s'est enrichie dans ces derniers temps de belles découvertes sur la structure du sang ; mais il reste beaucoup à faire encore.

Le sang est un liquide coloré, d'une saveur et d'une odeur particulières. Sa pesanteur spécifique l'emporte un peu sur celle de l'eau. Il n'est point homogène : il se compose d'une partie séreuse et transparente, tenant en suspension des myriades de corpuscules insolubles.

Le sérum présente un aspect légèrement jaunâtre. C'est une liqueur très composée, dans laquelle l'analyse démontre la présence de l'eau, de l'albumine, de sels et de plusieurs autres substances. De toutes ses propriétés physiques, la plus importante c'est sa viscosité. [...] Malheureusement, nous sommes réduits sur ce point à des données conjecturales ; c'est à peine si, dans l'état actuel de nos connaissances, nous pouvons quelquefois reconnaître que ce liquide est plus ou moins visqueux. Le physicien mesure avec le baromètre la pesanteur de l'atmosphère, avec l'hygromètre son degré d'humidité. Par quel déplorable privilège la médecine est-elle condamnée à rester dans le vague et à ne jamais établir ses assertions avec une précision rigoureuse, ou tout au moins approximative ? Espérons qu'un jour nous aurons les moyens d'apprécier les modifications que subit sans cesse le sang dans ses caractères physiques. Celui-là aurait bien mérité de la science et de l'humanité qui parviendrait à faire une semblable découverte.

Une autre circonstance fort remarquable sous le rapport physique, c'est la présence dans le sérum de la fibrine qui en augmente encore la viscosité. Cette matière reste dissoute tant qu'elle est soumise à certaines conditions hydrodynamiques ; mais, y est-elle soustraite, elle se solidifie aussitôt. Nous ne rencontrons dans les machines usitées dans les arts aucune disposition analogue. Vous sentez de quelle importance il est que pendant la vie cette fibrine ne coagule pas, car aussitôt grands et petits vaisseaux se trouveraient oblitérés, et la circulation immédiatement suspendue. [...]

Le sang contient une multitude innombrable de molécules arrondies de dimensions et de formes diverses, roulant les unes sur les autres dans le sérum au sein duquel elles nagent. Ce sont les globules dont Malpighi a le premier signalé l'existence. Depuis lors, une foule d'auteurs ont entrepris leur examen, et l'on sait positivement aujourd'hui que leurs formes et leurs dimensions varient suivant les classes d'animaux auxquelles ils appartiennent. Les globules chez l'homme ne sont pas sphériques, comme on l'a cru longtemps ; ils présentent l'aspect d'une lentille, c'est-à-dire que leur grand diamètre se trouve dans deux sens opposés, et leur petit diamètre dans le sens de leur aplatissement. Leur histoire a été très avancée de nos jours ; non pas qu'on connaisse leur origine ni leurs usages, s'ils se détruisent ou durent indéfiniment ; seulement le microscope a mis au jour le mécanisme de leur structure, a permis à l'œil d'isoler les éléments qui les composent. Les globules sont constitués par un noyau renfermé dans un sac membraneux. Ce noyau central paraît être de la fibrine, l'enveloppe extérieure est ce qu'on appelle la matière colorante du sang. Leurs dimensions, d'après l'analyse de plusieurs chimistes, varient entre 1/75, 1/120 et 1/150e de millimètre. Il serait possible, avec la *camera lucida* de M. Ch. Chevalier, d'arriver à des données plus rigoureuses. Toujours est-il que l'extrême ténuité de ces particules permettrait à plusieurs centaines de tenir dans l'espace d'un millimètre cube. On trouve aussi dans le sang d'autres globules qui ressemblent beaucoup au noyau des premiers ; ils n'ont pas d'enveloppe, soit que celle-ci se soit déchirée, soit qu'elle n'apparaisse que plus tard. Ces globules, beaucoup plus petits que ceux que nous avons déjà mentionnés, ne seraient donc qu'à l'état rudimentaire[24].

Plusieurs traits sont à relever dans cette description bien imparfaite des éléments figurés du sang :

1. L'existence des cellules animales étant totalement ignorée par Magendie, les globules rouges, observés au microscope par Malpighi, dès le XVIIe siècle, dans les capillaires sanguins des poumons de grenouille, sont ici désignés sous le nom de « molécules ». Rappelons que c'est seulement en 1839, dans un livre publié à Berlin, *Recherches microscopiques sur la concordance dans la structure et dans la croissance des animaux et des végétaux,* que Théodore Schwann (1810-1882) avança pour la première fois la « théorie cellulaire » impliquant l'existence de cellules animales. Or, Magendie commença ses cours au Collège de France en 1832. Toutefois, il n'est pas sans intérêt de remarquer que Théodore Schwann faisait ses recherches dans le laboratoire dirigé par Johannes Müller (1801-1858), grand admirateur de Magendie et partisan convaincu de la méthode expérimentale en médecine et physiologie.

---

24. *Ibid.*, p. 97-101.

2. Les dimensions les plus faibles : 1/150e de millimètre (soit 6 à 7 micromètres) attribuées au diamètre des globules rouges s'accordent bien avec les valeurs retenues par les cytologistes contemporains utilisant le microscope électronique. Cependant la marge de variation notée par Magendie (de 1/75 à 1/150e de millimètre) ne correspond pas du tout à la réalité. La forme de « lentille aplatie » décrite par Magendie pour les globules rouges humains est bien celle des « cellules discoïdes biconcaves » attribuée aux globules rouges par les cytologistes du XXe siècle.

3. En revanche, on sait aujourd'hui que les globules rouges n'ont pas de noyau : ces cellules formées dans la moelle des os ont perdu leur noyau au cours de leur différenciation. Magendie fait donc une grave erreur en attribuant aux globules rouges « un noyau central renfermé dans un sac membraneux ». Magendie s'écarte encore de la réalité lorsqu'il déclare que ce noyau central est constitué de fibrine : cette protéine n'existe pas dans les globules rouges ; la fibrine n'apparaît dans le plasma sanguin (qui contient les globules en suspension) que lors de la coagulation du sang ; c'est une protéine soluble du plasma, le fibrinogène, qui se transforme en fibrine, lors de la coagulation.

4. Nous avons déjà signalé que Magendie n'évoque nullement les globules blancs (ni les plaquettes sanguines) lors de son analyse des éléments figurés du sang.

5. La propriété physique du sang qui retient le plus son attention est la viscosité. Il attribue simplement à un changement de viscosité le phénomène de la coagulation, ce qui est une simplification totalement abusive, tellement le phénomène met en jeu de protéines diverses, de facteurs vitaminiques et autres, d'ions minéraux, comme on le sait aujourd'hui.

Ajoutons que Magendie a été le premier à signaler la présence normale de glucose dans le sang[25], observation qui est à l'origine des travaux de Claude Bernard, son élève, sur la régulation de la glycémie.

---

25. F. Magendie, « Note sur la présence normale de sucre dans le sang », *Comptes rendus de l'Académie des sciences*, 23, 1846, p. 336.

V. GRAVES ERREURS DE MAGENDIE SUR LA NATURE DES MALADIES CONTAGIEUSES

L'origine et la cause des épidémies de choléra qui frappèrent l'Asie puis l'Europe au début du XIXe siècle furent totalement incomprises par les médecins et les biologistes de l'époque. En 1817, le choléra apparut dans le nord du Bengale et se répandit rapidement dans tout le sous-continent indien. Six ans plus tard, la Russie était touchée. Une autre vague, venue également des Indes, frappa à nouveau la Russie en 1830, l'Angleterre en 1831 puis toute l'Europe occidentale dans les années 1830-1840. Une troisième pandémie apparut en Europe en 1865 et fit d'énormes ravages en Russie, en Allemagne, en Autriche et en France.

Les médecins du XIXe siècle (jusqu'aux travaux de Pasteur, à partir des années 1860) n'acceptaient pas l'idée d'agents microbiens comme cause des maladies contagieuses. Les principes qui prévalaient, aussi bien en France qu'en Allemagne, aboutissaient à considérer ces maladies comme des décompositions chimiques semblables aux putréfactions. À l'origine des altérations morbides des tissus et humeurs de l'organisme, les médecins invoquaient, de façon vague, les « miasmes », les « pestilences », les résidus malsains flottant dans l'air des milieux confinés surmontant des matières en voie de putréfaction ; ces « miasmes » emplissaient l'atmosphère où vivaient les malades – surtout s'ils étaient nombreux en milieu relativement clos, comme une salle d'hôpital – et cela expliquait les contagions.

La bonne santé d'un individu reposait, selon les conceptions courantes à cette époque, sur la composition chimique adéquate de ses tissus et de ses humeurs, parmi lesquelles le sang venait en premier lieu. Chez l'individu sain, Magendie s'efforce de démontrer que des mécanismes physiologiques existent pour maintenir la constance de la composition chimique du sang.

> Une des plus grandes difficultés que la nature ait à surmonter pour l'intégrité de nos fonctions hydrauliques, c'est le maintien régulier et uniforme

> des propriétés physiques du sang. La transpiration pulmonaire et les sécrétions diverses paraissent avoir pour objet principal de ramener sans cesse les matériaux de ce liquide à un équilibre sans lequel la vie ne peut longtemps se prolonger. Injectez de l'eau dans les veines d'un chien, une vapeur aqueuse s'échappe par la gueule de l'animal. Faites une nouvelle injection, cette eau, au lieu de se vaporiser à la surface des bronches, transsude à travers les parois des vaisseaux et est rejetée au dehors sous forme liquide. Le poumon peut donc être envisagé, indépendamment de ses autres fonctions, comme une sorte d'émonctoire destiné à livrer passage de l'excédent de la sérosité du sang.
> Si, au lieu d'introduire de l'eau dans le sang, vous y introduisez un agent quelconque qui exerce une action chimique sur ce liquide ou sur les parois de ces tuyaux, la circulation sera également troublée[26].

La maladie, dans cette optique, se résumait à une altération chimique de l'organisme et c'était bien là le point de vue de Magendie. Selon lui, l'altération chimique du sang dans les maladies « dites contagieuses » changeait les propriétés de ce liquide vital, ce qui déterminait l'état morbide. Magendie illustre ces considérations par de nombreuses expériences menées sur des chiens : il injecte dans le circuit veineux des animaux de l'eau, de l'huile, de l'émétique, de l'acide sulfurique, du mercure, du pus, etc. Dans chaque expérience, la circulation du sang est fortement perturbée ; le plus souvent, les capillaires pulmonaires sont obstrués, le poumon se durcit ; le parenchyme pulmonaire devient aussi dur que le foie : Magendie appelle « hépatisation » cette transformation, et l'animal meurt.

Remarquons au passage que ces considérations très originales sur la constance de composition du sang ouvrent la voie aux travaux de son disciple Claude Bernard sur la « constance du milieu intérieur », une de ses plus grandes découvertes.

26. F. Magendie, *Phénomènes physiques de la vie,* tome II, p. 177.

VI. RÔLE DE LA VISCOSITÉ DU SANG DANS LE DÉVELOPPEMENT DES MALADIES CONTAGIEUSES

L'importance que Magendie accorde à la viscosité du sang, et donc, pour lui, à la tendance plus ou moins grande de ce liquide à diffuser hors des capillaires et à se coaguler à l'extérieur, s'explique par le rôle qu'il fait jouer à cette propriété physique dans l'apparition et le développement des maladies contagieuses. Le premier exemple que développe Magendie à l'appui de sa thèse est celui de la grippe.

> Et d'abord la première question qui s'offre à l'esprit est celle-ci : de quelle nature est la maladie appelée *grippe* ? Messieurs, voici ma pensée tout entière ; elle est le résumé d'une mûre méditation. Je crois que les phénomènes morbides par lesquels se traduit l'épidémie actuelle dépendent d'une altération dans la composition du sang. Je crois : je n'ose pas dire : je l'affirme. Cependant, vous verrez par l'examen des lésions cadavériques qu'il existe une analogie bien grande, peut-être même une similitude parfaite entre les désordres que cette affection entraîne dans la circulation pulmonaire et ceux que nous produisons à notre gré dans nos expériences de laboratoire.
>
> Vous vous rappelez la disposition anatomique des capillaires artériels et veineux du poumon. Ces petits canaux continus aux dernières divisions des gros tuyaux établissent une communication constante, tant que persiste l'état physiologique, entre les deux pompes qui représentent le cœur ; mais aussitôt qu'ils s'engorgent, les liquides ne peuvent continuer à les traverser, et les phénomènes morbides éclatent. Telles sont, si je ne me trompe, les conditions physiques du poumon que j'ai sous les yeux et qui appartenait à une femme morte de la grippe. Leur tissu spongieux, aérien, est devenu dense, compact. Une injection d'eau poussée par l'artère pulmonaire ne revient pas par les veines du même nom, et vous n'éprouvez point en comprimant le parenchyme de l'organe, la sensation particulière connue sous le nom de crépitation. [...]
>
> L'obstruction des tuyaux sanguins n'a pas seulement pour conséquence l'arrêt de la circulation au sein du poumon : elle entraîne d'autres désordres graves dont vous n'avez maintenant sous les yeux que de trop nombreux

exemples. Examinez une de ces pièces pathologiques, provenant toutes de personnes victimes de l'épidémie qui sévit actuellement. Le sang arrêté dans ses conduits s'est imbibé à travers leurs parois et s'est extravasé dans le tissu pulmonaire. Tant que ce liquide est à l'état normal il circule librement dans ses canaux membraneux ; les porosités vasculaires ne livrent passage qu'à une partie de sa sérosité qui s'échappe au dehors sous forme de vapeurs : c'est l'exhalation pulmonaire. Mais une fois que les conditions physiques sont modifiées, les phénomènes d'imbibition se modifient également, et le sang, soit en substance, soit seulement dans quelques-uns de ses matériaux, traverse les parois de ses vaisseaux et s'épanche dans les cellules pulmonaires. Je vous l'ai déjà dit, ce n'est qu'à la condition que les liquides seront en harmonie avec les tuyaux, que la circulation est possible. À peine l'équilibre est-il rompu, que les rouages de la machine cessent de fonctionner et que les lésions les plus graves apparaissent. [...]
Ainsi, tout obstacle mécanique au cours du sang a pour inévitable résultat d'une part d'accumuler une plus grande quantité de liquide dans les vaisseaux, d'autre part, de rendre leurs porosités plus manifestes par la distension de leurs parois. Je n'hésite pas à attribuer à ces deux causes réunies les altérations que nous offrent les poumons des individus qui succombent aujourd'hui à l'épidémie régnante. Les principaux matériaux du sang, les globules, la fibrine, la matière colorante, le sérum se sont infiltrés dans les mailles de l'organe, ont rempli ses vésicules, et, en se coagulant, ont réuni ensemble les divers éléments qui constituent son parenchyme. Ce n'est plus ce réseau de petits tuyaux entrelacés avec tant d'art, ce n'est qu'une masse solide et compacte, rappelant grossièrement la structure du foie[27].

En résumé donc, Magendie, après examen de nombreuses pièces anatomiques, notamment de poumons prélevés sur des individus ayant succombé à l'épidémie de grippe, conclut que la mort est le résultat de « l'hépatisation » des poumons. Ce durcissement des tissus provoque une obstruction généralisée des capillaires pulmonaires. Cette transformation morbide est due à une altération chimique

27. *Ibid.*, p. 139-142.

de la composition du sang qui le rend moins visqueux, ce qui lui permet de diffuser abondamment à l'extérieur des capillaires puis de coaguler facilement dans les tissus environnants. Là s'arrêtent les constatations et les considérations de Magendie sur la grippe. Quelle est la nature de cette altération chimique du sang responsable de la maladie ? Qu'est-ce qui la déclenche ? Magendie l'ignore et ne se livre à aucune spéculation sur ces questions devant ses auditeurs.

> Sans vouloir préjuger en aucune manière ce que l'analyse chimique peut [nous] apprendre un jour, je résume mon opinion en disant qu'il me semble présumable que la maladie régnante est d'abord une altération du sang, où la coagulabilité et la viscosité de ce liquide sont diminuées, et que les lésions des organes en sont les conséquences physiques, dont nous avons à peu près le mécanisme et la théorie[28].

Emporté par une sorte d'enthousiasme né de la répétition d'observations identiques, Magendie n'hésite pas à généraliser les conclusions qu'il a tirées des modifications de la viscosité du sang dans le cas de la grippe, à de nombreuses autres maladies contagieuses ou non.

> Dans les fièvres typhoïdes, le typhus, le scorbut, etc., dans ces affections où nos liquides sont évidemment modifiés, ne voyez-vous pas des exhalations sanguines dans les profondeurs des tissus ? Ces ecchymoses, ces pétéchies, qu'est-ce donc, sinon des effets mécaniques de l'imbibition des matériaux du sang à travers les parois vasculaires ? Pour avoir un caractère moins sérieux, la grippe ne laisse pas que d'offrir, dans certaines circonstances, plusieurs points de ressemblance avec ces maladies. L'engouement, l'hépatisation, l'apoplexie pulmonaire, ne sont, je vous l'ai déjà dit, que des effets variés d'un même état morbide. Si le sang n'est modifié que dans sa viscosité, il n'y aura que de simples transsudations de ses éléments. Si l'altération de ce liquide est plus profonde, les tuyaux capillaires s'obstruent, leurs parois se distendent et se crèvent par suite de l'impulsion de la pompe, dont l'énergie s'accroît

28. *Ibid.*, p. 145.

en raison de la résistance qu'elle éprouve. Il en est de notre machine hydraulique comme des machines ordinaires ; seulement la contractilité de la fibre musculaire remplace ici la force des autres moteurs. Partout il doit exister une harmonie parfaite entre la masse de liquide à déplacer et la puissance motrice : celle-ci doit augmenter à mesure que les obstacles se multiplient[29].

Il insiste même en décrivant les observations qu'il a pu faire lui-même lors de l'épidémie meurtrière de typhus de 1814.

En 1814, une épidémie meurtrière, le typhus des hôpitaux, vint jeter le deuil et l'effroi au sein de la capitale : malgré tous les secours des médecins (plusieurs payèrent de leur vie leur noble dévouement) le fléau frappa de nombreuses victimes. On tenta bien des moyens, la plupart furent impuissants. Il m'arriva plusieurs fois d'ouvrir la veine, moins comme moyen curatif que comme recherche expérimentale : dans ces saignées exploratoires, je remarquai que quand la maladie devait heureusement se terminer, le sang se coagulait, que, dans le cas contraire, il restait fluide. [...] Ce que j'ai voulu vous faire constater, c'est que certaines altérations de ce liquide le privent de la faculté de se coaguler. J'ajouterai que les engouements [obstructions] pulmonaires qui surviennent pendant le cours des fièvres appelées typhoïdes peuvent fort bien dépendre d'une modification de la viscosité du sang[30].

Non seulement la constance de la composition chimique du sang est nécessaire à la santé et à la bonne circulation du liquide dans les vaisseaux, mais de plus, toute altération de la composition du sérum retentit sur l'état des globules sanguins en suspension qui se déforment, ce qui est un signe certain de grave perturbation. C'est bien ce que Magendie observe dans bon nombre de maladies.

Quand on suit avec le microscope la marche des globules sanguins à travers les vaisseaux, ils ressemblent à des outres flottantes dans la sérosité. Ils oscillent au gré des balancements des liquides qui les charrient, et, par la flexibilité de

29. *Ibid.*, p. 146.
30. *Ibid.*, p. 198.

> leur texture, ils se moulent et se déforment pour s'accommoder aux couloirs qu'ils doivent traverser. L'intégrité de ces globules paraît une condition essentielle pour que la circulation s'effectue : s'ils venaient à diminuer de volume, ou que leur enveloppe s'altérât, les troubles les plus graves en seraient la conséquence. Dans les maladies telles que le *typhus*, la *fièvre jaune*, le *scorbut*, la *fièvre typhoïde*, etc., n'est-il pas présumable que le sang est changé sous ce rapport, et que c'est par suite d'une modification physique de ses globules qu'il s'extravase en s'imbibant à travers les porosités vasculaires[31] ?

Au cours de ses expériences, Magendie a non seulement tenté d'augmenter la coagulabilité du sang en injectant divers produits dans les veines des chiens, mais il a aussi tenté de diminuer cette coagulabilité en retirant de la fibrine du sang (on sait que la transformation du fibrinogène, protéine soluble du sérum, en fibrine insoluble, déclenche la coagulation). Ainsi, en prélevant du sang par les carotides de chiens en expérience, puis en agitant une baguette de verre dans le sang prélevé, Magendie fait apparaître la fibrine qu'il peut ainsi séparer du sérum en filtrant l'échantillon de sang retiré de l'animal. La réinjection du sérum sans fibrine rend le sang de l'animal moins coagulable et dans ce cas également la circulation est très perturbée : des exsudations d'humeurs tout à fait anormales s'observent dans les poumons et souvent la mort s'ensuit.

Finalement, Magendie en arrive à nier la contagiosité des maladies comme la grippe, le choléra, le typhus, etc. et ramène tous les déroulements morbides à des modifications chimiques du sang le rendant plus ou moins visqueux, ce qui est toujours dramatique pour la circulation. Ainsi, une cinquantaine d'années avant que Pasteur ne formule sa « théorie des germes » pour expliquer les épidémies de maladies contagieuses, Magendie, se limitant volontairement à des explications purement physiques des phénomènes morbides, commet des erreurs d'interprétation qui ne pouvaient le conduire vers aucune thérapeutique efficace pour lutter contre ces maladies.

---

31. *Ibid.*, p. 102.

Ainsi la loi reconnaît cinq maladies contagieuses [le typhus, le choléra, la fièvre jaune, la peste et la lèpre] et elle punit de mort tout individu qui viendrait à enfreindre les règlements qu'elle a tracés pour prévenir leur introduction. Eh bien ! Sur ces cinq maladies, quatre au moins doivent être rayées de la liste. Vous voyez quelles conséquences déplorables découlent de semblables lois ; aussi je n'hésite pas à regarder comme urgente et indispensable une révision complète de notre Code sanitaire. Jetons un rapide coup d'œil sur ces maladies, et discutons les principaux arguments sur lesquels on s'appuie pour prouver leur nature contagieuse.

Typhus. Lors de la désastreuse retraite de Russie, l'armée française décimée par un typhus meurtrier venait d'atteindre nos frontières. L'épouvante qu'inspirait aux populations cette maladie que l'on considérait alors comme contagieuse, fit prendre toutes les mesures qu'on supposait propres à prévenir l'invasion du fléau ; des commissions médicales parcouraient le pays, formulaient des instructions, des cordons sanitaires étaient disposés de distance en distance, et cependant le typhus avançait, partout il moissonnait de nombreuses victimes, bientôt il sévit même au milieu de la capitale. [...] Ce n'est point, comme on l'avait cru, par le contact des vêtements, du linge, des tissus laineux, ayant touché le corps d'un individu affecté que la maladie se communique, mais c'est par la voie de la respiration. Supposons un nombre quelconque de personnes atteintes du typhus, renfermées dans une salle peu spacieuse, dont l'air n'est point facilement renouvelé, vous pouvez impunément les toucher ; mais si vous respirez au milieu de cette atmosphère chargée de particules animales, provenant de l'exhalation pulmonaire et de la transpiration cutanée, c'est alors que vous avez de grandes chances de contracter la maladie. J'ai vu des étudiants en médecine, au sortir de l'hôpital où ils étaient venus une seule fois suivre ma visite, frappés par le fléau, succomber en peu de jours, sans jamais l'avoir transmise à leur habitation. Ainsi j'admets volontiers un principe contagieux dans le typhus, mais je nie le mode de transmission indiqué par la loi. Car, d'une part, celle-ci ne prévoit point le transport de miasmes délétères par l'air atmosphérique, et, d'autre part, l'expérience a prouvé qu'on peut en toute sécurité toucher les malades, pourvu toutefois que l'épiderme cutané soit intact. Mais sachez que, si malheureusement vous aviez à la peau quelques excoriations, rien ne s'opposerait à l'imbibition du principe contagieux, et les accidents les plus graves ne tarderaient pas à se développer. [...]

Choléra. J'ai vu et étudié cette maladie dans diverses contrées, je l'ai observée sous toutes les formes, j'ai traité plus de mille cholériques en ville et à l'hôpital. Je puis dire que ma conviction est pleine et entière à l'égard de son mode de transmission. Je n'ai jamais rien vu qui pût me faire soupçonner que le choléra fut contagieux, soit par le contact médiat ou immédiat, soit même à la manière du typhus. Je sais que quelques personnes professent des opinions différentes. Mais, je le répète, j'ai vécu pendant plus de six mois jour et nuit au milieu de la maladie, l'observant dans toutes ses phases, j'ai fait à ce sujet de nombreuses expériences ; aussi je suis profondément convaincu que, dans aucune circonstance, le choléra ne se transmet par voie de contagion. Si j'avais à donner ma voix comme député sur une loi sanitaire, je voterais en toute sécurité de conscience, pour qu'on rayât cette maladie du nombre des maladies contagieuses[32].

Dans la suite du texte, et pour les mêmes raisons que celles invoquées pour le choléra, Magendie propose de rayer de la liste des maladies contagieuses : la fièvre jaune, la peste et la lèpre. Magendie se trompe complètement : les fièvres typhoïdes et le typhus, le choléra, la peste, la fièvre jaune, sont des maladies dues à des bactéries ou des virus pathogènes. En s'attachant uniquement aux modifications chimiques et physiques du sang chez les malades infectés, Magendie n'a étudié que des symptômes secondaires, consécutifs à l'infection. L'étude des phénomènes physiques liés aux maladies ne saurait remplacer la recherche des causes biologiques (microbiennes ou virales) responsables des états morbides. C'est ce que fera Pasteur avec sa « théorie des germes ». Les « phénomènes physiques de la vie » ne peuvent se substituer aux phénomènes purement biologiques, relevant d'autres lois et suggérant de nouvelles thérapies.

Magendie ajoute d'ailleurs ces quelques lignes qui corrigent un peu ses erreurs concernant les maladies contagieuses :

32. F. Magendie, *Phénomènes physiques de la vie*, tome I, p. 64-66.

On ne peut nier que certaines maladies n'aient le fatal privilège de se transmettre par voie de contagion ; telles sont la variole, la rage, la syphilis etc. Les conditions physiques de cette transmission sont bien connues, mais l'agent spécial destiné à servir de germe reproducteur de la maladie a constamment échappé à notre investigation[33].

Ajoutons que Magendie a été toute sa vie un médecin très courageux, ne fuyant jamais le contact des patients atteints des plus graves maladies contagieuses (choléra, typhus, fièvre jaune, rage, etc.) Ainsi, lors de la grave épidémie de choléra qui toucha l'Angleterre et l'Irlande en 1832, Magendie n'hésita pas à se rendre sur place pour étudier *de visu* les symptômes de la maladie. Il rapporte lui-même l'anecdote suivante à ce sujet :

Au retour d'un voyage dans le nord de l'Angleterre où j'avais été étudier le choléra, je passai par Boulogne ; me trouvant en soirée avec divers personnages de la ville, on me raconta qu'on y avait tiré à boulets sur un bâtiment étranger qui avait voulu pénétrer dans le port sans avoir été soumis préalablement aux mesures sanitaires. Je leur dis alors : « Messieurs, si quelqu'un doit vous apporter le choléra, c'est moi ; car j'arrive à l'instant des lieux où il sévit, et même les vêtements que j'ai sur moi sont ceux que je portais en visitant les malades. Ainsi nous sommes tous compromis par la quarantaine. » Comme chacun avait intérêt à se taire, on ne répandit point cette nouvelle-là ; mais on me recommanda plus de discrétion, m'assurant que ma personne ne serait pas en sûreté dans la ville, si *ce bruit venait à circuler*[34].

Comme on le voit par le texte ci-dessus, Magendie, niant toute contagion du choléra, fut tout à la fois hardi, courageux et bien téméraire. La position « anticontagionniste » de Magendie ne fut pas sans conséquence pour la santé publique en France puisqu'en 1848 il fut nommé président du comité d'hygiène publique de l'administration.

33. *Ibid.*, p. 76.
34. *Ibid.*, p. 75.

IX

La retraite progressive de Magendie

I. MAUVAIS ACCUEIL DES CONCEPTIONS DE MAGENDIE EXPOSÉES AU COLLÈGE DE FRANCE

Les idées développées par Magendie devant ses auditeurs du Collège de France, notamment celles présentées dans ses *Leçons sur les phénomènes physiques de la vie*, ne furent pas bien accueillies par ses collègues biologistes et médecins, parce que les conceptions vitalistes de l'École de Montpellier, celles de Bichat ou de Barthez, régnaient sans partage dans les milieux médicaux. Un auteur, Jules André Grandvoinet, consacra même un ouvrage entier [1], publié en 1839, pour tenter de réfuter les thèses contenues dans les *Phénomènes physiques de la vie*. Bien entendu, c'est avant tout sur les conceptions de Magendie concernant les maladies contagieuses que porte la critique de Grandvoinet :

> Aveuglé qu'il est par la toute-puissance des phénomènes physiques, M. Magendie va jusqu'à nous dire qu'il attend de la chimie les moyens de restituer au sang, dans bon nombre de maladies telles que la peste, le choléra, le typhus, la fièvre jaune, la fièvre typhoïde, etc., sa coagulabilité normale [2].

1. J. A. Grandvoinet, *Examen critique de l'esprit et des propositions de l'ouvrage intitulé « Leçons sur les phénomènes physiques de la vie »*, Paris, Germer-Baillère, 1839.
2. *Ibid.*, p. 49.

Aux considérations physico-chimiques de Magendie (bien critiquables, comme nous l'avons dit précédemment) Grandvoinet ne sait opposer qu'un fonctionnement déficient de la « force vitale » :

> Nous pensons que la force vitale peut toujours tenter des efforts pour éliminer le principe morbifique introduit et développé dans notre organisme. [...]
> Nous croyons qu'il existe des affections non localisées dépendantes uniquement d'une manière vicieuse dont la force vitale accomplit ses fonctions[3].

On peut aujourd'hui considérer que les critiques de Grandvoinet n'ont pas plus de pertinence que les propositions de Magendie.

Grandvoinet critique aussi les conceptions physiologiques de Magendie qui attribuait la production de chaleur animale aux combustions entretenues dans les poumons par l'oxygène de l'air. Dans ses leçons au Collège de France, Magendie affirmait :

> Le poumon n'est point un simple appareil hydraulique, il est aussi un organe de *calorification* (pardonnez-moi ce mot tant soit peu barbare) ; c'est en lui qu'est la cause sinon unique, du moins principale de la chaleur animale. Le sang, après avoir reçu le contact de l'oxygène, se trouve modifié dans sa température, qui deviendrait d'un degré plus élevé qu'à l'instant où il a été versé dans le réservoir droit par les tuyaux sanguins. [...]
> La production et la distribution de la chaleur animale, qu'est-ce donc, sinon un phénomène physique[4] ?

Grandvoinet rétorquait, non sans un certain humour :

> Nous demandons à ce sujet, pourquoi, au lieu de faire un massacre continuel de chiens, M. Magendie ne produit-il pas ces phénomènes sur les cadavres ? Car enfin, s'ils sont purement physiques, il n'a que faire de la vie pour les produire[5]...

3. *Ibid.*, p. 50-51.
4. F. Magendie, *Phénomènes physiques de la vie,* tome I, p. 213-305.
5. J. A. Grandvoinet, *op. cit.*, p. 16.

Cette critique n'est pas tout à fait honnête puisque Magendie invoque le gaz oxygène inspiré au niveau des poumons pour produire la chaleur animale. D'ailleurs, dans un texte inédit, redécouvert et publié en 1965 par Jean Théodoridès, Magendie écrivait à ce sujet :

> L'une des plus brillantes découvertes de la chimie moderne est sans doute le rapprochement qu'elle sut établir entre la combustion et la respiration. De quelle surprise et de quelle admiration ne doit-on pas être saisi quand le génie investigateur de Lavoisier, s'appuyant sur des expériences incontestables, mit hors de doute la similitude pour ainsi dire de ces deux grands phénomènes ? [...]
> Nous voyons en effet dans l'un comme dans l'autre, l'air vital, expression du temps, se combiner avec le carbone et l'hydrogène pour former de l'acide carbonique et de l'eau, combinaison qui s'accompagne de la production de chaleur. [...] Aujourd'hui cette théorie est plus puissante que jamais car il est très répandu et professé que l'objet principal de notre existence est de brûler les éléments combustibles qui nous pénètrent et nous composent[6].

Il est juste de dire que la comparaison faite par Lavoisier entre la respiration et la combustion est une étape importante de l'histoire de la physiologie. Mais Magendie, comme Lavoisier, attachait une trop grande importance à la combustion pulmonaire alors qu'on sait aujourd'hui que la plus grande partie des combustions respiratoires se déroule dans les cellules de tous les tissus de l'organisme.

Cependant Jules André Grandvoinet se fait plus incisif dans sa critique lorsque, tournant en dérision les descriptions mécaniques du corps humain utilisées par Magendie (« les leviers, les pressions, les fibrilles, les pelotons de vaisseaux, les épaississements, les pointes, les marteaux »), il suggère finalement un vitalisme tempéré associant les deux ordres de phénomènes (« physiques et vitaux ») distingués par Magendie :

---

6. J. Théodoridès, « Sur deux manuscrits inédits de Magendie », *Clio Medica*, 1, 1965, p. 27-32.

> En effet, les phénomènes qui se passent chez l'individu vivant ne sont pas seulement des phénomènes physiques et des phénomènes vitaux, se développant côte à côte, d'une manière isolée, indépendante. Loin de là, nous pourrions presque dire qu'il n'y a, à proprement parler, ni phénomènes physiques, ni phénomènes vitaux ; mais bien un nouvel ordre de phénomènes qui, n'étant ni l'un ni l'autre, est les deux à la fois : c'est-à-dire un ordre de phénomènes particuliers, résultant de la combinaison de puissance et d'action exercées simultanément par ces deux ordres de faits concourant à la production de ceux observés dans l'agrégat vivant[7].

II. La retraite de Magendie au Sannois

Bien qu'il eût la direction d'un grand service, Magendie, attiré par les aspects les plus généraux de la médecine, quitta l'Hôtel-Dieu en 1845. Tout en continuant ses leçons au Collège de France, il devint, en 1848, président du comité consultatif d'hygiène publique récemment créé. Il faut noter qu'il avait été nommé à ce poste sans l'avoir sollicité.

> La fermeté avec laquelle il interdit au charlatanisme l'entrée dans cette institution, la justesse de ses vues y rendirent son influence utile ; comme partout, il y conquit l'estime générale et plus qu'ailleurs se rendit accessible à l'amitié[8].

Au sein de ce comité, il soutint sans discontinuer ses vues erronées sur la non-contagiosité des maladies infectieuses, ce qui était défavorable à la santé publique. Il faut bien dire cependant qu'à cette époque la majorité des membres de l'Académie de médecine étaient également « anticontagionnistes ».

Magendie faisait aussi partie du comité d'hygiène hippique du ministère de la Guerre et il fit diminuer, grâce à ses conseils, la mortalité des chevaux de l'armée.

---

7. J. A. Grandvoinet, *op. cit.*, p. 136.
8. P. Flourens, *Éloge historique de François Magendie*, *op. cit.*

À partir de 1848-1849, Magendie devint moins assidu aux séances de l'Académie des sciences. L'hiver 1851-1852 marque la fin des leçons de Magendie professées au Collège de France. Claude Bernard, son assistant depuis 1839, lui succédera officiellement en 1856 dans la chaire de médecine du Collège de France. Nous avons vu au chapitre VII que Magendie avait été élu dans cette chaire, précédemment occupée par Récamier, en 1831.

Ayant abandonné, à 62 ans, la direction de son service hospitalier de l'Hôtel-Dieu, Magendie put consacrer davantage de temps à sa maison de campagne du Sannois, sise en Seine-et-Oise, à 15 km de Paris. Il avait acquis cette propriété quelques années auparavant, en grande partie grâce à la dot apportée par son épouse Henriette Bastienne de Puisaye, veuve d'un riche propriétaire. La modeste propriété de quatre hectares se composait d'une ferme où l'on pratiquait quelques travaux agricoles et l'élevage de quelques animaux domestiques (porcs et vaches). Il y avait aussi dans la propriété un petit château, élégamment construit en briques et en pierres, où Magendie installa un laboratoire. Au Sannois, Magendie faisait du jardinage et des expériences de physiologie végétale en vue d'améliorer les rendements agricoles. Il fit aussi quelques expériences de physiologie sur les animaux de la ferme ; en particulier, il offrit à l'Académie des sciences des broyats de pustules de vaches atteintes de « picote » (la maladie appelée « cow-pox » par Jenner) pour préparer les injections de « vaccine » protégeant contre la variole.

Âgé de 70 ans, Magendie tomba malade, probablement atteint d'une affection cardiaque qui alla s'aggravant. Il supporta la maladie avec courage. Dans son *Éloge historique de François Magendie*, Flourens parle ainsi des dernières années du savant :

> Dès lors, au confrère bizarre, malaisé, survécut au milieu de nous l'homme supérieur. On ne se souvint plus que de cette ferme droiture qui donnait une si grande force aux liens qui attachaient à lui ; et lorsque, plus tard, on apprit que le mal s'aggravait, disciples dévoués, élèves reconnaissants, parents, amis, confrères, ressentirent une commune alarme.

François Magendie s'éteignit le 7 octobre 1855, à l'âge de 72 ans, dans sa propriété du Sannois. Ses funérailles eurent lieu le 11 octobre, en l'église de la Madeleine à Paris, en présence de représentants du Collège de France et des académies des sciences et de médecine. Il fut inhumé au cimetière de Père-Lachaise, non loin de la tombe de Xavier Bichat.

Dans sa *Leçon d'ouverture du cours de médecine du Collège de France*, Claude Bernard, successeur de Magendie, lui rend ce vibrant hommage :

> Je vous demande la permission de vous entretenir de l'homme illustre qui a droit à notre admiration et à la reconnaissance de la postérité pour l'influence immense et salutaire qu'il exerça, pendant plus de quarante ans, dans les sciences médicales.

Portrait de Claude Bernard.

X

Magendie maître et inspirateur de Claude Bernard

Le plus célèbre élève de Magendie fut son assistant à l'Hôtel-Dieu et son préparateur au Collège de France : Claude Bernard. Ce physiologiste, devenu très célèbre, poursuivit ses recherches dans la voie expérimentale tracée par son maître [1]. Il réunit aussi dans une œuvre qui devait passer à la postérité (*Introduction à l'étude de la médecine expérimentale*) ses réflexions philosophiques sur le travail du chercheur, réflexions qui prolongent mais dépassent aussi les préceptes avancés par Magendie dans ses leçons au Collège de France.

I. L'IMPACT À COURT TERME DES IDÉES DE MAGENDIE

> M. Magendie n'est pas un de ces hommes dont on puisse donner une idée suffisante en se bornant à énumérer leurs ouvrages ou à signaler les découvertes dont ils ont enrichi la science. [...] Il y a quelque chose, à mon sens, de plus important encore à considérer dans M. Magendie. C'est l'influence qu'il a exercée sur les progrès de la science par son esprit, non seulement parce que c'était un esprit d'élite et de premier ordre, mais parce qu'il était doué d'une tendance scientifique des plus fortes et d'une direction expérimentale inflexible qui a constamment maintenu la science médicale dans la bonne voie. [...]

1. Voir P. Mazliak, *Les fondements de la biologie. Le XIXe siècle de Darwin, Pasteur et Claude Bernard*, Paris, Vuibert/Adapt, 2002.

> L'influence de M. Magendie dans les sciences physiologiques a été considérable, et il a droit, sous ce rapport, à la reconnaissance toute spéciale des physiologistes expérimentateurs [2].

L'analyse des œuvres de Magendie laisse le lecteur tout à la fois admiratif devant la pugnacité déployée par le savant pour combattre les thèses vitalistes de ses prédécesseurs et pour imposer la démarche expérimentale en physiologie, mais aussi quelque peu frustré par l'absence de toute considération générale ou philosophique dans ses écrits. Parce qu'il méprisait théories et problématiques abstraites, puisqu'il prétendait ne retenir que les « faits » issus de l'expérience, Magendie ne s'est livré à aucune réflexion d'ensemble sur la démarche scientifique en physiologie et, de ce fait, son œuvre n'eut pas, pour la postérité le retentissement qu'elle aurait mérité.

II. ISOLEMENT PHILOSOPHIQUE DE MAGENDIE

Nous avons déjà insisté sur le mauvais accueil réservé par ses collègues aux conceptions exposées dans les *Phénomènes physiques de la vie*. Les physiologistes contemporains de Magendie ne se privaient pas, à la différence de ce qu'il faisait lui-même, de mêler des considérations philosophiques aux traités qu'ils rédigeaient. Pour illustrer ce point, nous prendrons l'exemple d'un traité de physiologie très fameux au XIXe siècle, rédigé par un médecin et chirurgien, membre de l'Académie de médecine, le baron Anthelme Richerand (1779-1840) strictement contemporain de Magendie. Les *Nouveaux éléments de physiologie* [3] de Richerand connurent un immense succès puisqu'il en fut tiré dix éditions de 1801 à 1837. Dans la préface de la dixième édition, Richerand écrivait :

---

2. C. Bernard, *Fr. Magendie. Leçon d'ouverture du cours de médecine du Collège de France,* Paris, J.-B. Baillère, 1856.

3. A. Richerand, *Nouveaux éléments de physiologie,* 10e édition, Bruxelles, H. Dumont, 1837.

> Hippocrate de Cos, Galien de Pergame, tous les médecins dont l'Antiquité s'honore, joignirent constamment l'étude de la philosophie et de la médecine et regardèrent ces deux sciences comme inséparables. *Sans la philosophie, en effet, la médecine rentre presque tout entière dans le domaine de la comédie et de la satire, éternel et digne objet des plaisanteries les plus piquantes et des sarcasmes les plus amers.*
>
> D'un autre côté, comme nos besoins dérivent de notre organisation, que nos passions naissent de nos besoins, et que nos idées, venues des sens, sont sans cesse influencées par l'état habituel de nos organes, la Physiologie peut seule fournir à la Philosophie, ses bases les plus solides.

Malgré l'évocation, dans les dernières éditions de son ouvrage des phénomènes osmotiques (découverts par Dutrochet) ou des phénomènes électriques (découverts par Volta puis étudiés par Humboldt) se produisant dans les organismes vivants, Richerand réaffirmait, tout au long de son ouvrage, ses profondes convictions vitalistes, donc l'impossibilité d'invoquer les lois de la physique pour expliquer les phénomènes physiologiques. On peut ainsi lire dans la préface de son traité de physiologie :

> Toutefois nous verrons souvent dans cet ouvrage que le plus grand nombre des phénomènes de l'organisme étant complètement inexplicables par les lois de la Physique, le temps est loin encore où l'on pourra bannir de la Physiologie les théories fondées sur la supposition d'une force vitale.

On notera cependant, dans ce passage inclus dans la dernière préface de l'ouvrage, une certaine prudence de l'auteur qui parle de « la supposition d'une force vitale » et n'exclut pas tout à fait une interprétation physique des phénomènes physiologiques dans un très lointain avenir.

On voit combien les conceptions vitalistes, encore dominantes à l'Académie de médecine et dans les facultés, s'opposaient aux idées de Magendie exposées dans ses leçons au Collège de France. Rappelons seulement l'exaspération du savant exprimée maintes fois devant ses auditeurs : « Par quel étrange aveuglement, par quelle bizarre préoccupation d'esprit, a-t-on pu prétendre que la vie est en opposition constante avec les lois physiques [4] ? »

On peut cependant se poser cette question : Magendie rejetait-il vraiment toute conception vitaliste en physiologie ? Malgré ses textes très polémiques (contre Bichat en particulier), malgré ses efforts constants pour tirer de ses expériences sur les animaux des explications purement physiques aux phénomènes physiologiques qu'il observait (tels la circulation du sang, la perméabilité des membranes, etc.), Magendie se heurtait toujours dans ses recherches à quelques phénomènes (la contractilité des fibres musculaires, la sensibilité nerveuse, le passage des influx nerveux) que l'état des sciences biologiques et physiques au XIXe siècle ne lui permettait pas de ranger dans « les phénomènes physiques de la vie ». C'est pourquoi, il convient de rappeler que dans son propre *Précis élémentaire de physiologie* (datant de 1816), Magendie distinguait déjà, parmi les phénomènes physiologiques, deux classes de phénomènes : ceux explicables par les lois physiques, et ceux irréductibles aux lois de la physique ou de la chimie qu'il qualifiait de « phénomènes vitaux ». Est-ce à dire qu'il supposait une « force vitale » derrière ces « phénomènes vitaux », ce qui aurait fait de lui, tout compte fait, un vitaliste ? Nous ne le croyons pas. Magendie considérait, comme nous l'avons dit précédemment (voir p. 132), que les « phénomènes vitaux » étaient inexplicables dans l'état de la science qui lui était contemporaine, mais que les progrès inévitables des recherches, les nouvelles découvertes à venir, permettraient de faire passer bon nombre de phénomènes qualifiés de « vitaux » à son époque parmi les « phénomènes physiques de la vie ». En tenant compte de ce point de vue, on peut bien dire que Magendie, au fond, n'était pas vitaliste.

4. F. Magendie, *Phénomènes physiques de la vie, op. cit.*, p. 112.

III. LA PHILOSOPHIE POSITIVISTE À L'ÉPOQUE DE MAGENDIE

Auguste Comte (1798-1857) est strictement contemporain de Magendie (1783-1855). Son *Cours de philosophie positive*[5] a été publié entre les années 1830 et 1842 ; Magendie a donc fort bien pu en prendre connaissance. Néanmoins, fidèle à son mépris de toute spéculation philosophique, Magendie ne fait jamais référence aux écrits d'Auguste Comte ; on peut cependant supposer qu'il fut d'autant plus attiré par la lecture du *Cours de philosophie positive* que cet essai se préoccupait en premier lieu d'histoire et de philosophie des sciences et qu'il accordait en outre une place majeure à la physiologie. Selon Auguste Comte, cette discipline devait prendre beaucoup d'importance dans l'avenir et même englober la sociologie : une science qui n'existait pas encore et que le philosophe voulait créer sous la forme d'une « physique sociale ». Cette expression ne pouvait laisser indifférent l'auteur des « phénomènes physiques de la vie ».

Le comte Claude-Henri de Saint-Simon (1760-1825) philosophe, précurseur utopiste des théories socialistes, fut certainement un inspirateur des idées d'Auguste Comte ; le philosophe positiviste fut d'ailleurs secrétaire du comte de Saint-Simon de 1817 à 1824. Dans un ouvrage intitulé *Mémoire sur la physiologie appliquée à l'amélioration des Institutions sociales*[6], Saint-Simon écrivait en effet : « [La société est un être collectif]. L'histoire de la civilisation devient dès lors l'histoire d'un organisme qui se crée des organes : elle rentre dans la physiologie bien comprise. »

On trouve également dans l'œuvre de Saint-Simon une esquisse de la « loi des trois états » concernant l'évolution de l'esprit humain, loi qui se retrouvera chez Auguste Comte. Dès la première leçon de son *Cours de philosophie positive*, Auguste Comte présente en effet

5. A. Comte, *Cours de philosophie positive (1830-1842)*, Paris, réédition des deux premières leçons par M. Daillie, Larousse, 1936.

6. Ouvrage cité par M. Daillie dans son introduction au *Cours de philosophie positive*.

les trois étapes de développement de la pensée humaine lors de la constitution des différentes sciences :

> En étudiant ainsi le développement de l'intelligence humaine dans les diverses sphères d'activité, depuis son premier essor le plus simple jusqu'à nos jours, je crois avoir découvert une grande loi fondamentale, à laquelle il est assujetti par une nécessité invariable, et qui me semble pouvoir être solidement établie, soit sur les preuves rationnelles fournies par la connaissance de notre organisation, soit sur les vérifications historiques résultant d'un examen attentif du passé. Cette loi consiste en ce que chacune de nos conceptions principales, chaque branche de nos connaissances, passe successivement par trois états théoriques différents : l'état théologique, ou fictif ; l'état métaphysique, ou abstrait ; l'état scientifique, ou positif. En d'autres termes, l'esprit humain, par sa nature, emploie successivement dans chacune de ses recherches trois méthodes de philosopher dont le caractère est essentiellement différent et même radicalement opposé : d'abord la méthode théologique, ensuite la méthode métaphysique et enfin la méthode positive. De là, trois sortes de philosophies, ou de systèmes généraux de conceptions sur l'ensemble des phénomènes, qui s'excluent mutuellement : la première est le point de départ nécessaire de l'intelligence humaine ; la troisième, son état fixe et définitif ; la seconde est uniquement destinée à servir de transition[7].

Les conceptions de Magendie sur le développement de la physiologie s'inscrivent parfaitement dans le cadre de la « loi des trois états » : lorsqu'il pourfend, dans de si nombreux textes, les conceptions vitalistes de ses prédécesseurs ou même de ses contemporains, il leur reproche bien de substituer des mots aux faits. Cette démarche caractérise les états « théologique ou métaphysique » de la science selon Auguste Comte. Dès 1825, dans la préface de la deuxième

7. A. Comte, *Cours de philosophie positive*, p. 20.

édition de son *Précis élémentaire de physiologie*[8], François Magendie écrivait déjà :

> Les sciences naturelles ont eu comme l'histoire leur temps fabuleux. L'astronomie a commencé par l'astrologie la chimie n'avait guère que l'alchimie ; la physique n'a été longtemps qu'une vaine réunion de systèmes absurdes ; la physiologie qu'un long et fastidieux roman...

C'est bien là la description de ce qu'Auguste Comte aurait appelé « l'état théologique » de ces sciences. On peut aussi dire que les états « métaphysique ou scientifique [positiviste] » de la physiologie avaient aussi été définis par François Magendie dans la préface de la première édition du *Précis élémentaire de physiologie* datant de 1816 :

> Chaque science naturelle peut exister sous deux formes différentes :
> 1°) la systématique 2°) la théorique.
> Sous la forme systématique, la science a pour fondement quelques suppositions gratuites, quelques principes établis *a priori*, auxquels on rattache les faits connus, de manière à les expliquer. [...]
> La forme théorique que peuvent présenter les sciences naturelles est entièrement opposée à celle dont nous venons de parler. Sous cette forme, les faits, les faits seuls, servent de fondement à la science...

Ces états successifs « systématique » et « théorique » définis par Magendie correspondent bien aux états « métaphysique » et « scientifique [positiviste] » de la loi des trois états formulée par Auguste Comte. L'état encore trop « métaphysique » et pas assez « positif » de la physiologie, pour employer le langage d'Auguste Comte, est aussi souligné par Magendie, en 1837, dans ses *Leçons sur les phénomènes physiques de la vie* professées au Collège de France :

8. F. Magendie, *Précis élémentaire de physiologie*, 2e édition, Paris, Méquignon-Marvis, 1825.

> Partout [l'esprit] voit qu'au lieu de prendre pour guide l'observation, on s'est laissé emporter par des idées préconçues ; qu'au lieu de chercher à connaître et à interpréter les lois de la nature, l'homme s'est plutôt efforcé, par une sorte de délire, de lui imposer les siennes. Aussi beaucoup de personnes sont-elles arrivées à cette douloureuse conclusion, que la médecine et la physiologie ne sont pas encore de véritables sciences[9]...

L'état « positif » d'une discipline scientifique est défini par Auguste Comte de la manière suivante :

> Enfin, dans l'état positif, l'esprit humain reconnaissant l'impossibilité d'obtenir des notions absolues, renonce à chercher l'origine et la destination de l'univers, et à connaître les causes intimes des phénomènes, pour s'attacher uniquement à découvrir, par l'usage combiné du raisonnement et de l'observation, leurs lois effectives, c'est-à-dire leurs relations invariables de succession et de similitude[10].

C'est bien dans cet esprit que Magendie a toujours poursuivi ses recherches. Dans la préface du *Précis élémentaire de physiologie* que nous avons déjà citée, Magendie écrivait en effet :

> Les faits, les faits seuls servent de fondement à la science ; les savants s'attachent à les bien constater, à les multiplier autant que possible ; ensuite ils étudient les rapports que les phénomènes ont entre eux et les lois auxquelles ils sont assujettis[11].

Auguste Comte insiste beaucoup sur l'invariabilité des lois et des circonstances qui président au surgissement des phénomènes :

---

9. F. Magendie, *Leçons sur les phénomènes physiques de la vie*, tome II, Paris, J. Augé éditeur, 1837, p. 4.

10. A. Comte, *Cours de philosophie positive*, p. 21.

11. F. Magendie, *Précis élémentaire de physiologie*, préface à la première édition (1816).

Nous voyons, par ce qui précède, que le caractère fondamental de la philosophie positive est de regarder tous les phénomènes comme assujettis à des *lois* naturelles invariables, dont la découverte précise et la réduction au moindre nombre possible sont les buts de nos efforts, en considérant comme absolument inaccessible et vide de sens pour nous la recherche de ce qu'on appelle les *causes*, soit premières soit finales. [...] Chacun sait, en effet, que, dans nos explications positives, même les plus parfaites, nous n'avons nullement la prétention d'exposer les *causes* génératrices des phénomènes puisque nous ne ferions jamais alors que reculer la difficulté, mais seulement d'analyser avec exactitude les circonstances de leur production, et de les rattacher les unes aux autres par des relations normales de succession et de similitude [12].

Ce discours cadre parfaitement avec la pensée de Magendie : c'est d'ailleurs, sous une forme encore imparfaite, l'affirmation du caractère déterministe de la science qui sera amplement développée par Claude Bernard. Il faut cependant noter, à propos de la philosophie des sciences, une différence importante entre les conceptions d'Auguste Comte et celles de François Magendie. Le physiologiste se refuse à dépasser les faits ou les lois qui président à leur apparition. Lorsqu'il fait des expériences, il procède en quelque sorte « à l'aveugle », pour découvrir de nouveaux faits. Auguste Comte, en revanche, insiste, comme nous l'avons vu, sur l'invariabilité des lois naturelles mises en évidence par l'expérience et cette invariabilité rend alors possible la prévision, l'anticipation des résultats d'une expérience. Pour Auguste Comte, le savant, dans ses recherches, ne procède pas empiriquement, au hasard : de la coordination des faits déjà établis, il tire des hypothèses ou des théories. Les expériences qu'il conduit ont pour but essentiel, non pas seulement de « faire surgir de nouveaux faits » (comme le déclare Magendie) mais plutôt de confirmer une hypothèse (qui peut alors se changer en théorie) ou de l'infirmer : le savant doit alors l'abandonner et la remplacer par une autre. Ceci est très clairement exposé par Auguste Comte :

---

12. A. Comte, *Cours de philosophie positive*, p. 28-29.

> Car si, d'un côté, toute théorie positive doit nécessairement être fondée sur des observations, il est également sensible, d'un autre côté, que, pour se livrer à l'observation, notre esprit a besoin d'une théorie quelconque. Si, en contemplant les phénomènes, nous ne les rattachions pas immédiatement à quelques principes, non seulement il nous serait impossible de combiner ces observations isolées, et, par conséquent, d'en tirer aucun fruit, mais nous serions même entièrement incapables de les retenir, et, le plus souvent, les faits resteraient inaperçus sous nos yeux [13].

Magendie, dans ses écrits, n'a que très rarement invoqué le recours indispensable du chercheur aux hypothèses pour bien conduire son travail expérimental. Sur ce point, on peut dire que sa pensée présente quelque retard sur les conceptions d'Auguste Comte. Nous verrons que Claude Bernard, reprenant totalement la philosophie d'Auguste Comte, dépassera l'empirisme expérimental de son maître Magendie.

Pour terminer cette présentation rapide de la philosophie positiviste d'Auguste Comte (et sa confrontation avec les idées de Magendie), il convient d'ajouter que l'on trouve dans le *Cours de philosophie positive* deux justifications du travail de recherche scientifique fondées sur les motivations inspirant le chercheur. D'une part, Auguste Comte écrit : « Notre activité intellectuelle est suffisamment excitée par le pur espoir de découvrir les lois des phénomènes, par le simple désir de confirmer ou d'infirmer une théorie. [14] » Cette motivation, surtout sous son aspect négatif (« infirmer une théorie ») s'accorde assez bien avec les motivations avouées par Magendie. D'autre part, Auguste Comte écrit encore :

> On doit concevoir l'étude de la nature comme destinée à fournir la véritable base rationnelle de l'action de l'homme sur la nature, puisque la connaissance des lois des phénomènes, dont le résultat constant est de nous les faire prévoir, peut seule évidemment nous conduire dans la vie active à

13. *Ibid.*, p. 24.
14. *Ibid.*, p. 27.

les modifier à notre avantage les uns par les autres. [...] En résumé, *science, d'où prévoyance ; prévoyance d'où action*[15].

Magendie aurait pu reprendre ces idées pour la médecine ; mais on sait que dans ses leçons au Collège de France, il se soucie beaucoup plus de physiologie théorique que de médecine et il fonde bien rarement ses indications thérapeutiques sur la base des lois connues.

Finalement, Magendie a bien souligné la nécessité de l'approche expérimentale en physiologie ; mais il a fait peu de généralisations, peu d'inductions de lois générales à partir de ses résultats expérimentaux ; il est resté avant tout critique de l'œuvre de ses prédécesseurs vitalistes et empiristes dans son travail expérimental. Claude Bernard dépassera son maître dans la présentation de la méthode expérimentale en science.

IV. L'ŒUVRE PHILOSOPHIQUE DE CLAUDE BERNARD

C'est essentiellement à travers l'œuvre de Claude Bernard que se révèle l'impact à long terme des idées de Magendie.

L'enseignement de Magendie fut décisif pour le choix d'une carrière par le jeune médecin Claude Bernard (1813-1878), interne des hôpitaux de Paris depuis 1839. Il se sentit beaucoup plus expérimentateur que médecin soignant ; il accorda immédiatement beaucoup plus d'importance à la physiologie qu'à la « tradition hippocratique » enseignée en faculté de médecine. Il choisit la carrière de préparateur, puis d'assistant, dans le service de Magendie au Collège de France. Il n'exerça jamais la médecine, ni à Paris, ni ailleurs.

Une fois nommé au Collège de France, en 1855, comme successeur de Magendie dans la chaire de médecine expérimentale, il adopta dans son cours le même style d'enseignement que son maître. On peut ainsi lire, dans son livre posthume, *Principes de médecine*

15. *Ibid.*, 2e leçon, p. 60-61.

expérimentale, cette présentation de son enseignement, par Claude Bernard lui-même :

> Jusqu'ici je me suis toujours abstenu dans mes cours de généralisations et de systématisations, parce que je pensais que l'état de la science physiologique ne le permettait pas. Je me suis borné à étudier des sujets variés de physiologie expérimentale en les considérant dans leurs rapports avec la médecine scientifique. Je transportais, pour ainsi dire, mon laboratoire sous vos yeux et je vous faisais toujours assister à mes recherches, en quelque sorte improvisées, sans jamais dissimuler en rien les imperfections, les erreurs et les difficultés qui les accompagnaient inévitablement. Je désirais en faisant ainsi, soulever dans la science des questions nouvelles plutôt que de chercher à leur donner une solution définitive qui, la plupart du temps, eut été prématurée. Mon but était surtout de vous inciter à l'investigation physiologique en vous laissant voir toute la richesse du sol scientifique et en vous montrant combien il restait encore de parties inexplorées [16].

Claude Bernard précise cependant que ce style ne vaut que pour la première période de son enseignement, de 1854 à 1859. Par la suite, son enseignement devint plus théorique et il s'efforça de montrer à ses auditeurs que les mêmes lois régissaient les phénomènes pathologiques et les phénomènes physiologiques (une idée que l'on trouve déjà chez Magendie, mais dont il ne tira jamais d'indications thérapeutiques importantes).

Comme Magendie, Claude Bernard fut très certainement inspiré par les idées philosophiques d'Auguste Comte. Pendant un séjour de convalescence à Saint-Julien-en-Beaujolais (sa ville natale), en 1865, on sait qu'il a lu et annoté le *Cours de philosophie positive*. Et, comme nous l'avons déjà souligné, tout en reprenant une partie de la philosophie d'Auguste Comte, Claude Bernard formule plus clairement que ce dernier, dans l'*Introduction à l'étude de la médecine expérimentale (1865)*, les principes valables pour mener à bien

---

16. C. Bernard, *Principes de médecine expérimentale*, Paris, PUF, 1987, p. 21.

toute recherche expérimentale en physiologie (et même dans toute science expérimentale). Ces principes permettaient de dépasser la démarche, demeurée encore très empiriste de Magendie.

> La simple constatation des faits ne pourra jamais parvenir à constituer une science. On aurait beau multiplier les faits ou les observations, que cela n'en apprendrait pas davantage. Pour s'instruire, il faut nécessairement raisonner sur ce que l'on a observé, comparer les faits et les juger par d'autres faits qui servent de contrôle [17].

Notons au passage que Claude Bernard élimine, comme Magendie l'avait fait avant lui, toutes les spéculations vitalistes défendues par les physiologistes à la fin du XVIIIe siècle.

> Mais parmi les naturalistes et surtout les médecins, on trouve des hommes qui, au nom de ce qu'ils appellent le vitalisme, émettent sur le sujet qui nous occupe les idées les plus erronées. Ils pensent que l'étude des phénomènes de la matière vivante ne saurait avoir aucun rapport avec l'étude de la matière brute. Ils considèrent la vie comme une influence mystérieuse et surnaturelle qui agit arbitrairement en s'affranchissant de tout déterminisme, et ils taxent de matérialistes tous ceux qui font des efforts pour ramener les phénomènes vitaux à des conditions organiques et physico-chimiques déterminées. Ce sont là des idées fausses qu'il n'est pas facile d'extirper une fois qu'elles ont pris droit de domicile dans un esprit ; les progrès seuls de la science les feront disparaître [18].

Les conceptions vitalistes, nous l'avons dit (voir p. 35), ont été constamment combattues par Magendie et, sur ce point, Claude Bernard ne se distingue pas de son maître et reprend à son compte les idées développées dans les *Phénomène physiques de la vie*. Constatons cependant que Claude Bernard fait preuve de beaucoup

---

17. C. Bernard, *Introduction à l'étude de la médecine expérimentale*, Paris, Flammarion, 1984, p. 45.
18. *Ibid.*, p. 110.

plus d'optimisme que Magendie sur les progrès de la physiologie au milieu du XIXe siècle :

> De notre temps, grâce aux développements considérables et aux secours puissants des sciences physico-chimiques, l'étude des phénomènes de la vie, soit à l'état normal, soit à l'état pathologique, a accompli des progrès surprenants qui chaque jour se multiplient davantage.
>
> Il est ainsi évident pour tout esprit non prévenu que la médecine se dirige vers sa voie scientifique définitive. Par la seule marche naturelle de son évolution, elle abandonne peu à peu la région des systèmes pour revêtir de plus en plus la forme analytique, et rentrer ainsi graduellement dans la méthode d'investigation commune aux sciences expérimentales[19].

L'influence de la philosophie positiviste d'Auguste Comte, notamment de sa « loi des trois états », se fait encore beaucoup sentir dans ce raccourci historique.

*
* *

C'est dans la formulation des principes de la méthode expérimentale, exposés dans la première partie de l'*Introduction à l'étude de la médecine expérimentale*, que Claude Bernard dépasse véritablement les idées de son maître Magendie. La méthode expérimentale consiste, selon Claude Bernard, en un constant aller et retour du fait à l'idée : cet aller et retour est précisément le *raisonnement expérimental*. Le chercheur part d'une observation, spontanée ou provoquée, il en tire une hypothèse sur les conditions déterminantes du phénomène observé ; en modifiant quelque peu les conditions précédentes, souvent en les simplifiant au laboratoire (conditions rendues constantes, par exemple), il met son hypothèse à l'épreuve

19. *Ibid.*, p. 25.

en organisant une *expérience* ; le résultat de cette expérience infirme ou confirme son hypothèse ; dans le premier cas il l'abandonne, dans le second cas, il organise une seconde expérience consistant le plus souvent en une *contre-épreuve* : telle absence de condition déterminante dans la production du phénomène étudié doit entraîner l'absence de l'observation initiale. La multiplication des résultats expérimentaux validant plusieurs hypothèses de départ permet de regrouper ces hypothèses en une *théorie*, ensemble de propositions coordonnées entre elles de manière à ce qu'il soit possible d'en déduire les conditions d'apparition du phénomène étudié, la mesure de son intensité, etc. Lorsqu'une observation nouvelle ne peut rentrer dans le cadre théorique ainsi élaboré, le chercheur doit abandonner l'ancienne théorie et en élaborer une nouvelle.

> Telle est la méthode expérimentale dans les sciences, d'après laquelle l'expérience est toujours acquise en vertu d'un raisonnement précis établi sur une idée qu'a fait naître l'observation et que contrôle l'expérience. En effet il y a dans toute connaissance expérimentale trois phases : observation faite, comparaison établie et jugement motivé. La méthode expérimentale ne fait pas autre chose que porter un *jugement* sur les faits qui nous entourent, à l'aide d'un *critérium* qui n'est lui-même qu'un autre fait disposé de façon à contrôler le jugement et à donner l'*expérience*. Prise dans ce sens général, l'expérience est l'unique source des connaissances humaines[20].

C'est cette insistance sur le rôle de l'hypothèse dans la recherche expérimentale qui différencie véritablement les philosophies respectives de Claude Bernard et François Magendie. Ce dernier manifestait trop de mépris pour les généralisations ou les élaborations théoriques pour que l'hypothèse pût jouer un rôle moteur dans le montage des expériences de physiologie ; en revanche, Claude Bernard fait de l'hypothèse le préalable nécessaire à toute recherche expérimentale fructueuse.

---

20. *Ibid.*, p. 41.

La position philosophique très solide de Claude Bernard sur les places respectives de l'hypothèse et de l'expérience dans le développement d'une science de la nature le mène à donner – peut-être pour la première fois dans l'histoire des sciences expérimentales – une définition du déterminisme encore fort acceptable aujourd'hui :

> En effet, le principe absolu des sciences expérimentales est un *déterminisme nécessaire* et conscient dans les conditions des phénomènes. De telle sorte qu'un phénomène naturel, quel qu'il soit, étant donné, jamais un expérimentateur ne pourra admettre qu'il y ait une variation dans l'expression de ce phénomène sans qu'en même temps il ne soit survenu des conditions nouvelles dans sa manifestation ; de plus, il a la certitude *a priori* que ces variations sont déterminées par des rapports rigoureux et mathématiques [21].

Dans les notes préparatoires à une œuvre posthume et inachevée, les *Principes de la méthode expérimentale*, publiée pour la première fois en 1947, Claude Bernard affirmait encore :

> Le déterminisme est le principe absolu de toute science ; sans lui il n'y a pas de science. [...]
> Je pose comme un principe scientifique que personne ne contestera, je pense, que dans les phénomènes de la nature brute ou vivante, il n'y a *pas d'effet sans cause*, c'est-à-dire que quand un phénomène apparaît, c'est qu'il y a eu une condition *déterminante* de cette manifestation. Hé bien ! Je dis : le savant n'a pas d'autre objet que de chercher à connaître cette condition déterminante, afin de régler ensuite le phénomène à son gré, ou, en d'autres termes et d'une manière générale, le savant doit rechercher le *déterminisme* des phénomènes qu'il observe [22].

Il faut reconnaître que toutes ces formulations de Claude Bernard sont bien plus précises et de portée plus ample que celles que l'on peut trouver, sur le même sujet, dans les écrits de Magendie.

---

21. *Ibid.*, p. 89.
22. C. Bernard, *Principes de médecine expérimentale, op. cit.*, p. 265.

Pour clore ce chapitre de considérations philosophiques, il nous paraît nécessaire d'indiquer que le strict déterminisme des phénomènes biologiques, tel qu'il a été défini par Claude Bernard, doit être aujourd'hui modéré par l'existence de « bifurcations spontanées » survenant dans le déroulement de tous les phénomènes naturels loin de l'équilibre thermodynamique (ce qui est le cas de ce qui se passe dans toutes les cellules vivantes). Le parcours d'une des deux voies offertes par la bifurcation est strictement aléatoire, imprévisible, comme le démontrent Ilya Prigogine et Isabelle Stengers dans leur ouvrage, *La nouvelle alliance. Métamorphose de la science*[23].

23. I. Prigogine et I. Stengers, *La nouvelle alliance. Métamorphose de la science*, Paris, Gallimard, 1979.

Conclusion

Magendie, savant oublié

La postérité s'est révélée assez ingrate vis-à-vis de Magendie. La gloire et la notoriété de son élève Claude Bernard ont complètement occulté l'originalité des idées que Magendie avait développées tout au long de sa carrière et même son apport scientifique est généralement ignoré. Aucun livre de Magendie n'a été réédité depuis le XIXe siècle ; à notre connaissance, aucun ouvrage consacré à ce savant n'a été publié en France (il en est paru deux cependant, l'un en Belgique [1], l'autre aux États-Unis [2]) ; dans la plupart des encyclopédies, son nom n'est cité qu'en passant, à propos des biographies de Claude Bernard le plus souvent. Aucune grande institution médicale ne porte son nom. En présentant la vie et l'œuvre de François Magendie, nous avons donc tenté de corriger quelque peu ce qui nous apparaît comme une injustice et comme une lacune de l'histoire des sciences de la vie.

Nous avons rappelé, au début de notre ouvrage, l'héritage philosophique fallacieux que les médecins et biologistes du XVIIIe siècle avaient légué à leurs successeurs : la domination des thèses vitalistes dans tous les domaines des sciences de la vie. Il fallait un certain courage intellectuel au jeune médecin François Magendie pour marcher à contre-courant des idées imprégnant la biologie et la médecine de son époque ; il déniait ainsi toute validité aux concepts de

1. L. Deloyers, *François Magendie (1753-1855) : précurseur de la médecine expérimentale*, Presses Universitaires de Bruxelles, 1970.

2. J. Olmsted, *François Magendie. Pioneer in experimental physiology and scientific medicine in XIX century France*, New York, Schumann's, 1944.

« force vitale » ou de « propriétés vitales » des corps organisés vivants s'opposant aux propriétés physiques de la matière minérale brute. Les plus grands savants de la biologie du siècle des Lumières : Barthez, Bordeu, Bichat en France, Wolff, Blumenbach en Allemagne, Haller en Suisse, se réclamaient tous du vitalisme et leurs ouvrages faisaient autorité, en médecine comme en biologie. Les grands médecins français contemporains de Magendie : Récamier ou Richerand par exemple, membres de l'Académie des sciences ou de l'Académie de médecine, s'affirmaient également vitalistes ; les positions contraires de Magendie le déconsidéraient certainement aux yeux de ses collègues (sans parler de ses convictions républicaines fort peu partagées par les milieux médicaux, majoritairement royalistes, sous la Restauration).

Magendie défendait ses idées avec vigueur, polémiquant hardiment avec les plus grandes autorités médicales de son époque. Il rejetait toutes les théories, tous les « systèmes » fondés sur des concepts vagues, mal définis, tels cette fameuse « force vitale » insaisissable par les expérimentateurs. Ces polémiques n'allaient pas sans éclats, et Magendie se vit plusieurs fois refuser les postes qu'il sollicitait parce qu'il défendait publiquement ses idées sans tenir compte des avis contraires de ses collègues. C'est pourquoi nous l'avons qualifié de « bouillant » créateur de la physiologie expérimentale.

En effet, François Magendie fut bien un créateur et un découvreur, et c'est surtout cet aspect de son œuvre que nous avons voulu particulièrement retenir. Magendie fut le créateur d'une méthode de recherche en physiologie : la méthode expérimentale, qui pour lui se limitait – il faut bien le dire – à la collecte (parfois menée à l'aveuglette) de faits nouveaux révélés par l'expérience. Ainsi, au début de sa carrière, il prouva, par des expériences menées sur des animaux, que l'estomac restait complètement passif lors des vomissements, et que c'était la pression exercée par le diaphragme sur l'estomac qui déclenchait le phénomène. Plus tard, à la suite d'une longue polémique avec le physiologiste anglais Charles Bell, Magendie montra clairement, par de nombreuses expériences menées sur de jeunes chiens, que les racines postérieures des nerfs rachidiens conduisaient les influx nerveux sensitifs vers la moelle et le cerveau, tandis que les racines antérieures conduisaient vers les muscles les influx moteurs venus de la moelle ou du cerveau. Ces faits sont des acquis incontestables de la physiologie du système nerveux. Ils constituent la loi de Bell-Magendie, non remise en cause depuis qu'elle a été formulée. Tous ces faits, brillamment établis, Magendie allait les chercher, disait-il lui-même comme un « chiffonnier fouillant avec son crochet les tas de détritus ».

Les faits nouveaux en physiologie, acquis par Magendie, résultaient d'expériences menées sur des animaux vivants. Ces expériences de vivisection ont fait l'objet d'une retentissante polémique, en France comme en Angleterre. Dans les deux pays, une partie de l'opinion publique s'éleva contre la « cruauté » de ces expériences qui faisaient souffrir les animaux. Mais François Magendie, comme plus tard Claude Bernard, repoussa dédaigneusement les arguments des opposants à la vivisection. Si l'on veut, disait Magendie, recueillir des faits intéressant les fonctions des organismes vivants, il faut les rechercher sur des animaux vivants. Il ne pouvait admettre aucune alternative à ces expériences de vivisection.

L'expression polémique des idées de François Magendie s'est trouvée considérablement apaisée après sa nomination comme professeur au Collège de France. Les cours, qu'il donna pendant une vingtaine d'années dans cette prestigieuse institution, furent rassemblés dans des ouvrages qui connurent un grand succès à l'époque de leur publication. De façon très pédagogique, François Magendie y présentait toute une série de phénomènes physiologiques explicables, en grande partie, par les lois de la physique ou de la chimie connues à son époque. C'était ce qu'il appelait « les phénomènes physiques de la vie », pour bien marquer son opposition aux conceptions vitalistes considérant que les organismes vivants échappaient, par définition, aux lois régissant la matière brute, non organisée, non vivante.

À l'aide de faits mis en lumière par ses nombreuses expériences, conduites sur des animaux vivants, en amphithéâtre, devant ses auditeurs, Magendie montrait que les grandes fonctions communes à tous les vertébrés (la circulation, la digestion, la respiration) comportaient, dans leur déroulement, nombre de phénomènes totalement explicables par des lois physiques ou chimiques. (Il allait parfois trop loin dans ses raisonnements, niant par exemple le caractère contagieux de certaines maladies.) Quant aux phénomènes physiologiques qu'il ne pouvait expliquer par de simples lois physico-chimiques, ceux qu'il qualifiait de « phénomènes vitaux » (par exemple la contractilité des muscles ou la transmission de l'influx nerveux), il espérait bien que les progrès ultérieurs de la physique et de la chimie les ramèneraient en grand nombre au rang des « phénomènes physiques de la vie ».

Les progrès de la biologie depuis le milieu du XIXe siècle lui ont donné en partie raison, mais en partie seulement. Certes, la naissance et l'épanouissement de la biologie moléculaire au XXe siècle ont multiplié les réactions physico-chimiques connues pour se produire au sein des organismes vivants. Mais à ces réactions purement physico-chimiques s'ajoutent nombre de caractéristiques ou de phénomènes propres aux êtres vivants exclusivement : l'organisation cellulaire, les échanges continuels de matière, d'énergie et d'information entre les cellules vivantes et leur milieu, l'existence d'un « milieu intérieur » dans les organismes animaux évolués isolant en quelque sorte les cellules de ces organismes du milieu extérieur, les phénomènes héréditaires codés de manière informatique sur l'ADN, la régulation de l'expression des gènes par de nombreux facteurs internes et environnementaux, la reproduction et l'évolution des espèces, etc.

Il faut donc reconnaître à Magendie l'immense mérite d'avoir montré le premier aux physiologistes la bonne méthode pour progresser dans l'acquisition des connaissances, c'est-à-dire la méthode expérimentale. Son élève Claude Bernard, qui doit tant à son maître, saura codifier, dans un ouvrage aujourd'hui très célèbre, *Introduction à l'étude de la médecine expérimentale*, tous les principes de cette méthode expérimentale encore imparfaitement décrite par Magendie.

Autre immense mérite de Magendie : avoir lancé les physiologistes dans la recherche des « phénomènes physiques de la vie » ; on ne saurait lui reprocher de n'avoir pas pressenti, non plus qu'à Claude Bernard d'ailleurs, que ces « phénomènes physiques » se transformeraient en autant de « mécanismes moléculaires » lors du développement de la biologie, au XXe siècle.

Bibliographie

Principales œuvres de François Magendie

Essai sur les usages du voile du palais avec quelques propositions sur la fracture des cartilages des côtes, Thèse de doctorat, Paris, Didot jeune, 1808, 19 p.

« Quelques idées générales sur les phénomènes particuliers aux corps vivants », *Bulletin des sciences médicales*, 4, Paris, 1809, p. 145-170.

« Examen de l'action de quelques végétaux sur la moelle épinière (avec Raffeneau-Delille) », *Nouveau Bulletin scientifique de la société de philomatique*, 1, Paris, 1809, p. 368-405.

Mémoire sur le vomissement, Crochard, Paris, 1813, 48 p. ; traduction in *Magazine of chemistry, mineralogy, mechanics, natural history, agriculture and the arts*, 1, Londres, 1813, p. 429-438.

De l'influence de l'émétique sur l'homme et les animaux, Mémoire lu à la 1re classe de l'Institut de France, le 23 août 1813, *Procès-verbal des séances de l'Académie des sciences*, 5, 1813, p. 244.

« Mémoire pour un moyen très simple d'apercevoir les images qui se forment au fond de l'œil », *Mémoires de l'Institut de France*, 1813, p. 164-165.

Mémoire sur les propriétés nutritives des substances qui ne contiennent pas d'azote, Paris, Méquignon-Marvis, 1816, 15 p.

Précis élémentaire de physiologie, Paris, Méquignon-Marvis, 1816-1817, 2 volumes (volume I : 326 p. ; volume II : 473 p.).

« Recherches chimiques et physiologiques sur l'ipécacuanha », *Annales de chimie et de physique*, 4, Paris, 1817, p. 172-185.

« Mémoire sur l'émétine et trois espèces d'ipecacuanha », avec P.-J. Pelletier, *Journal général de médecine, chirurgie et pharmacie*, 1817, p. 223-231.

Recherches physiologiques et chimiques sur l'emploi de l'acide prussique ou hydrocyanique dans le traitement des maladies de poitrine, et particulièrement dans celui de la phtisie pulmonaire, lu à l'Académie des sciences, le 17 novembre 1817, Paris, Méquignon-Marvis, 1819, 72 p.

« Note sur les effets de la strychnine sur les animaux », *Journal de pharmacie*, 4, 1818, p. 31-32.

Formulaire pour la préparation et l'emploi de plusieurs nouveaux médicaments, tels que la noix vomique, la morphine, l'acide prussique, la strychnine, la vératrine, les alcalis des quinquinas, l'iode, etc., Paris, Méquignon-Marvis, 1821, 149 p.

« Expériences sur la rage », *Journal de physiologie expérimentale,* 1, 1821, p. 40-46.

« Mémoires sur le mécanisme de l'absorption chez les animaux à sang rouge et chaud », *Journal de physiologie expérimentale et pathologie*, 1, 1821, p. 1-31.

« Expériences sur les fonctions des racines des nerfs rachidiens », *Journal de physiologie expérimentale et de pathologie*, 2, 1822, p. 276-279.

« Expériences sur les fonctions des racines des nerfs qui naissent de la moelle épinière », *Journal de physiologie expérimentale et de pathologie*, 2, 1822, p. 366-371.

« Note sur le siège du mouvement et du sentiment dans la moelle épinière », *Journal de physiologie expérimentale et de pathologie*, 3, 1823, p. 153.

« Histoire d'un hydrophobe traité à l'Hôtel-Dieu, au moyen de l'injection de l'eau dans les veines », *Journal de physiologie expérimentale et de pathologie*, 3, 1823, p. 382.

« Mémoire sur les fonctions de quelques parties du système nerveux », *Journal de physiologie expérimentale et de pathologie*, 4, 1824, p. 399-407.

« Effets qui proviennent de la lésion de la grande commissure du cervelet au-dessus du passage de la cinquième paire », *Comptes rendus de l'Académie des sciences*, 8, 1824, p. 157.

« De l'influence de la cinquième paire des nerfs sur la nutrition et les fonctions de l'œil », *Journal de physiologie expérimentale et de pathologie*, 4, 1824, p. 176 et 302.

Anatomie des systèmes nerveux des animaux à vertèbres, appliqués à la physiologie et à la zoologie, (avec A. Desmoulins), Paris, Méquignon-Marvis, 1825, 2 volumes (volume I : 360 p. ; volume II : 801 p.).

« Mémoires sur un liquide qui se trouve dans le crâne et le canal vertébral de l'homme et des animaux mammifères », *Journal de physiologie expérimentale et de pathologie*, 5, 1825, p. 27-37 ; 7, 1827, p. 1-29 et p. 66-82.

Note sur l'heureuse application du galvanisme aux nerfs de l'œil, lue à l'Académie des sciences, le 19 juillet, 1826, *Procès-verbal des séances de l'Académie des sciences*, 8, 1826, p. 395.
Mémoire physiologique sur le cerveau, Paris, Firmin-Didot, 1828, 17 p.
Leçons sur le choléra-morbus, Paris, Méquignon-Marvis, 1832, 278 p.
« Communications relatives à une guérison obtenue par des courants électriques portés directement sur la corde du tympan ; restitution du sens du goût et de l'ouïe abolis par la suite d'une commotion cérébrale. Déductions tirées de ce fait quant à l'origine du nerf du tympan », *Comptes rendus de l'Académie des sciences*, 2, 1836, p. 447-449.
Leçons sur les phénomènes physiques de la vie, Paris, J. Augé éditeur, 1837, 2 tomes.
« Résultats de nouvelles expériences sur les nerfs sensitifs et sur les nerfs moteurs », *Comptes rendus de l'Académie des sciences*, 8, 1839, p. 787 et 865.
Leçons sur les fonctions et les maladies du système nerveux professées par M. Magendie au Collège de France, Paris, J.-B. Baillère, 2 volumes, 1839, 1841.
Phénomènes physiques de la vie. Leçons professées au Collège de France par M. Magendie, 2 tomes, Paris, J.-B. Baillère, 1842 et Londres, H. Baillère, 1842 (tome I : 321 p. ; tome II : 376 p.).
Recherches physiologiques et cliniques sur le liquide céphalo-rachidien ou cérébro-spinal, Paris, Méquignon-Marvis, 1842, 164 p.
« Communication relative à un cas de cow-pox, et à l'inoculation de la matière des pustules sur plusieurs enfants », *Comptes rendus de l'Académie des sciences*, 18, 1844, p. 986.
« Note sur la présence normale de sucre dans le sang », *Comptes rendus de l'Académie des sciences*, 23, 1846, p. 336.
« Note sur la sensibilité récurrente », *Comptes rendus de l'Académie des sciences*, 24, 1847, p. 1130.
« De l'influence des nerfs rachidiens sur les mouvements du cœur », *Comptes rendus de l'Académie des sciences*, 25, 1847, p. 875 et 926.

Autres auteurs

Ackernecht Erwin, *La médecine à Paris entre 1800 et 1850*, Paris, Éditions du Palais de la Découverte, 1958, 21 p.

Balzac Honoré (de), *La comédie humaine*, tome IV, *La peau de chagrin*, Lausanne, Éditions Rencontre, 1960, p. 31-299.

Barthez Paul Joseph, *Sur le principe vital de l'homme* (en latin), Thèse de l'université de Montpellier, 1773, *in* 4°.

— *Nouvelles théories sur les fonctions de la nature humaine* (en latin), Montpellier, A.-F. Richard et J. Mortel, 1774, 91 p.

— *Nouveaux éléments de la science de l'homme*, Montpellier, A.-F. Richard et J. Mortel, 1778, 354 p.

Bell Charles, *Idea of a new anatomy of the Brain*, Londres, Strahan and Preston, 1811, 42 p.

— « On the nerves of the face », *Philosophical Transactions of the Royal Society of London,* 119, 1829, p. 317-329.

— *An exposition of the Natural System of Nerves of the Human Body,* Philadelphie, Carey and Lea, 1825, 165 p.

— *The Anatomy and Philosophy of Expression as connected with the fine arts*, Londres, George Bell and sons, 3e édition, 1904, 253 p.

Bell Charles et Shaw Alexandre, « Reprint of the "Idea of a new anatomy of the Brain" with letters », *Journal of Anatomy and Physiology,* 3, 1868, p. 147-182.

Berkowitz Carin, « Disputed discovery: vivisection and experiment in the 19th century », *Endeavour,* 30, 2006, p. 98-102.

Bernard Claude, *Leçons sur la physiologie et la pathologie du système nerveux, Cours de médecine au Collège de France,* Paris, J.-B. Baillère, 2 tomes, 1828.

— *Fr. Magendie. Leçon d'ouverture du Cours de Médecine du Collège de France*, Paris, J.-B. Baillère, 1856, 30 p.

— *Introduction à l'étude de la médecine expérimentale*, Paris, J.-B. Baillère, 1re édition, 1865, réédition, Paris, Flammarion, 1984, 318 p.

— *Rapport sur les progrès et la marche de la physiologie générale en France,* Paris, Imprimerie Impériale, 1867.

— *Physiologie opératoire*, Paris, Baillère, 1879, 398 p.

— *Principes de médecine expérimentale*, Paris, PUF, 1987, 304 p.

Bichat Xavier, *Anatomie générale et descriptive*, Paris, Gabon et Cie, 5 volumes, an X-XII.

— *Recherches physiologiques sur la vie et la mort avec des additions de F. Magendie*, Paris, Gabon, 4e édition, 1822, 347 p. ; réédité, Paris, Garnier-Flammarion, 1994, 404 p.

— *Traité des membranes en général et de diverses membranes en particulier*, Nouvelle édition revue et augmentée de notes par F. Magendie, Paris, Méquignon-Marvis, 1827, 549 p.

Bordeu Théophile (de), *Recherches anatomiques sur la position des glandes et leur action*, Paris, Quillau, 2 volumes, 1751.

— *Recherches sur le tissu muqueux ou l'organe cellulaire*, Paris, Didot jeune, 23 volumes, 1767, *in* 12°.

— *Recherches sur l'histoire de la médecine*, Paris, Masson, 1832, 347 p.

Chevreul Michel, *Recherches chimiques sur les corps gras d'origine animale*, Paris, F.-G. Levrault, 1823, 484 p.

Comte Auguste, *Cours de philosophie positive (1830-1842)*, réédition des deux premières leçons par M. Daillie, Paris, Larousse, 1936, 104 p.

Delmas André, Rouvière Henri, *Anatomie humaine descriptive, topographique et fonctionnelle*, Paris, Masson, 3 volumes, 15e édition, 2007.

Deloyers Lucien, *François Magendie (1783-1855) : précurseur de la médecine expérimentale*, Presses Universitaires de Bruxelles, 1970, 283 p.

Descartes René, *Méditations métaphysiques*, Paris, Garnier-Flammarion, 1992, 574 p.

— *Le monde. L'homme*, Paris, Le Seuil, 1996, 229 p.

Diderot Denis, *Éléments de physiologie*, 1778, insérés dans les *Œuvres complètes* (publiées par Assezat et Tourneux), Paris, Éditions Garnier, 1877, volume IX, 485 p.

Dubois Frédéric, « Éloge de Magendie », *Mémoire de l'Académie impériale de médecine,* lu le 15 décembre 1857, 22, 1858, p. 1-36.

Engels Friedrich, *Dialectique de la nature*, Paris, Éditions sociales, 1952, 367 p.

Fenton Paul, « François Magendie », *The Journal of Nutrition*, 43, 1951, p. 3-15.

Florkin Marcel, *Ce qu'enseigne l'histoire de la médecine*, Paris, Éditions du Palais de la découverte, 1962, 22 p.

FLOURENS Pierre, *Éloge historique de François Magendie*, Paris, Garnier Frères, 1858, 57 p.

FONTENAY Élizabeth (de), *Diderot ou le matérialisme enchanté*, Paris, Grasset, 1981, 281 p.

— *Le silence des bêtes. La philosophie à l'épreuve de l'animalité*, Paris, Fayard, 1998, 785 p.

GALIEN Claude, *Œuvres anatomiques, physiologiques et médicales*, Paris, Baillère, 3 volumes, 1856.

CANGUILHEM Georges, *La formation du concept de réflexe aux XVIIe et XVIIIe siècles*, Paris, PUF, 1965, 267 p.

— *Connaissance de la vie*, Paris, Vrin, 1985, 99 p.

GILLES Raymond, *Physiologie animale*, Bruxelles, De Boek, 2007, 675 p.

GRANDVOINET Jules André, *Examen critique de l'esprit et des propositions de l'ouvrage intitulé : « Leçons sur les Phénomènes physiques de la vie »*, Paris, Germer-Baillère, 1839, 160 p.

JACOB François, *La logique du vivant. Une histoire de l'hérédité*, Paris, Gallimard, 1970, 354 p.

LAVOISIER Antoine-Laurent et LAPLACE Pierre-Simon, « Mémoire sur la chaleur IV. De la combustion et de la respiration », *Mémoire de l'Académie des sciences*, Paris, 1780.

LONGET François, « Recherches cliniques et expérimentales sur les fonctions des faisceaux de la moelle épinière et des racines des nerfs rachidiens, précédées d'un examen historique et critique des expériences faites sur ces organes depuis Sir Charles Bell et suivies d'autres recherches sur diverses parties du système nerveux », *Archives générales de Médecine*, 3e série, 1841, X, p. 296-338 et XI, p. 129-186.

MAZLIAK Paul, *Les fondements de la biologie. Le XIXe siècle de Darwin, Pasteur et Claude Bernard*, Paris, Vuibert/Adapt, 2002, 343 p.

— *Descartes, de la science universelle à la biologie*, Paris, Vuibert/Adapt, 2005, 213 p.

— *La biologie au siècle des Lumières*, Paris, Vuibert/Adapt, 2006, 471 p.

— *Parmentier, Chaptal, Chevreul. Trois grands pionniers de la chimie alimentaire*, Paris, Vuibert/Adapt, 2011, 186 p.

MÉNÉTRIER Pierre, « Documents inédits concernant Magendie », *Bulletin de la Société française d'histoire de la médecine*, 20, 1926, p. 251-258.

OLMSTED James, *François Magendie, Pioneer in experimental physiology and scientific medicine in XIX century France*, New-York, Schumann's, 1944, 290 p.

PERRAULT Claude, « Projet pour les expériences et observations anatomiques », *Registres des manuscrits de l'Académie royal des sciences*, 15 janvier 1667.

POYNTER Frederick Noël, « Doctors in the human comedy », *Journal of the American medical Association*, 204, 1968, p. 7-10.

PRIGOGINE Ilya, STENGERS Isabelle, *La nouvelle alliance. Métamorphose de la science,* Paris, Gallimard, 1979, 305 p.

RICHERAND Anthelme, *Nouveaux éléments de Physiologie,* Bruxelles, H. Dumont, 1re édition, 1801, 13e édition, 1836, 619 p.

SCHILLER Joseph, *Claude Bernard et les problèmes scientifiques de son temps*, Paris, Éditions du Cèdre, 1967, 231 p.

SCHMIDT Robert F., DUDEL Josef, JANIG Wilfrid et ZIMMERMANN Manfred, *Neurophysiologie*, Paris, Magnard-Le François, 1984, 287 p.

THÉODORIDÈS Jean, « Sur deux manuscrits inédits de Magendie », *Clio Medica*, 1, 1965, p. 27-32.

TRIAIRE Paul, *Récamier et ses contemporains (1774-1852)*, Paris, Baillère, 1899, 465 p.

TUBBS R.-S., LOUKAS M., SHOJA M., SHOKOUHI G. et OAKES W.-J., « François Magendie (1783-1855) and his contributions to the foundations of neuroscience and neurosurgery », *Journal of Neurosurgery*, 108, 2008, p. 1038-1042.

Index

Crédits des illustrations

p. 47, 49, 50, 74, 90, 91, 92, 94, 126, 142, 143, 170 : DR
p. 76 : © Welcome Library, London

Table des matières

Imprimé en France par
LIGHTNING SOURCE
www.lightningsource.fr

IMPRIM'VERT
Votre imprimeur agit pour l'environnement

Printed in Dunstable, United Kingdom

91230738R00118